主编：张鲲　张梁

参加编写人员：郭洪敏　徐露鹏　蒲音竹　伍静　李沁忆　杨悦

中法国际设计工作坊成员（2013）：
指导教师组：**中方**：张鲲　张鸣　方志荣　张帆
　　　　　　法方：张梁　Philippe NYS［法］　　Jim NJOO［法］

学生组：

场地	组员（外方）	组员（中方）
玉林小区	Orreia Moreno Annabelle Cantor Carolina Mandana Bafghinia	徐露鹏　简　祎 刘　果　孙锴悦
水井坊	Jonathan Bruter Zaza Orenella Sakellariou Thania	李沁忆　郭洪敏 杨长青　肖林虹
天府广场	Shevchenko Kristina Dweck Ido Slavina Ksenia	肖　伟　邓伟艳 邱雪凤　刘希茜 胡潇月
火车北站	Heral Anna Bruneau Francois Aly Coda Said Sameh	伍　静　薛　然 刘守科　张文力 董甜田
曹家巷	Rebeyrol Lucie Aquilina Clement De Bonnieres Amelie	杨　悦　霍　莹 朱　琳　吴舒琪
十一街	Di Martino Flora Berrouag Amina Frati David	蒲音竹　吴　琳 王　荻　邵雨倩

四川大学第三批学术学位研究生教材建设经费资助项目（1030504117011）

痕·地·时 迹·域·间

——当代城市空间与行为

SHIJIAN DIYU HENJI

DANGDAI CHENGSHI KONGJIAN YU XINGWEI

张 鲲 张 梁 / 编著

 四川大学出版社

责任编辑：段悟吾
责任校对：唐　飞
封面设计：墨创文化
责任印制：王　炜

图书在版编目(CIP)数据

时间·地域·痕迹：当代城市空间与行为 / 张鲲，
张梁编著. —成都：四川大学出版社，2017.7
　ISBN 978-7-5690-1000-8

　Ⅰ.①时… Ⅱ.①张… ②张… Ⅲ.①城市空间-研
究　Ⅳ.①TU984.11

中国版本图书馆 CIP 数据核字（2017）第 188937 号

书名	时间·地域·痕迹	
	——当代城市空间与行为	
编　著	张　鲲　张　梁	
出　版	四川大学出版社	
地　址	成都市一环路南一段24号 (610065)	
发　行	四川大学出版社	
书　号	ISBN 978-7-5690-1000-8	
印　刷	郫县犀浦印刷厂	
成品尺寸	180 mm×210 mm	
印　张	10.25	
字　数	176 千字	
版　次	2017 年 11 月第 1 版	
印　次	2017 年 11 月第 1 次印刷	
定　价	32.00 元	

◆读者邮购本书，请与本社发行科联系。
　电话:(028)85408408/ (028)85401670/
　(028)85408023　邮政编码:610065
◆本社图书如有印装质量问题，请
　寄回出版社调换。
◆网址:http://www.scupress.net

前　言

　　MAPPING CHENGDU 以一种全新的城市设计研究方式来描绘当代成都城市空间状态，它是在传统地图的基础上结合城市空间背景、地域历史文化与当地市民的行为模式等方面进行的综合表达。通过解读城市发展的历史片段，展现其发展的时间痕迹，挖掘其空间的记忆，从而形成一种全新的城市认知方法。这是将时间元素加入基于城市地图的认知方法中，动态地展现城市空间的变化过程。

　　立足于"城市地迹"理论（André Corboz）与实践（MAPPING），联合法国巴黎拉维莱特国立高等建筑学院师生进行的 MAPPING CHENGDU 的国际设计工作坊着重调研和观察那些城市生活氛围浓厚、空间形态具有延续性、能反映城市历史发展过程的一系列场所和地段，通过实地调研和分析城市空间形态、市民日常生活行为模式、当地居民对生活环境的评价等方面，来解析城市空间发展过程中产生的一系列现象，构建新型的城市地图，表达城市历史地段的空间图式。

　　本书说明了展开城市空间分析与日常行为模式调研的必要性，进而详细展现了MAPPING 城市设计研究方法。同时，以分组调研报告的形式对当代成都市区 6 个城市历史地段进行了剖析，引入时间元素，研究各地段的发展脉络，真实地再现了各场景的空间、人、文化及行为特色，从而描绘出所选地段的空间图式，反映成都城市空间发展序列过程，构建全新的城市地图。

　　本书借助 MAPPING 城市设计研究方法，以"时间·地域·痕迹"为主题，研讨当代城市空间与人的行为，融合公众对城市空间的认知意象的概念，并将物质形态的研究归纳为道路、边界、区域、节点和标志物的研究；在分析人的行为时，解析了特定空间与人的行为特征的关系；在研讨街、巷、道的空间布局时，分别从街道的自然特征、美学规律、人文特色出发，由浅至深论述了城市外部空间布局形

1

成设计中的视觉秩序规律；对于空间的研究，界定了城市内、外空间，讨论了内、外空间秩序的建立以及相互关系，同时定义了城市街区中的消极空间与积极空间，并观察这两类空间中人群活动的特征。

  本次 MAPPING CHENGDU 的 6 个调研小组的负责同学参加了本书各地块成果的搜集与整理，信息来自各组中法学生的调研数据以及组员们汇集的资料。

编　者

2017 年 6 月

目 录

1. 研究背景

1.1 城市空间的基本概念

空间基本上是由一个物体同感知它的人之间产生的相互关系所形成的。外部空间是由人创造的有目的的外部环境，人们在外部空间中创造出能满足人的意图和功能的积极空间。城市空间是处在一个城市之中所有外部空间的集合。

城市空间具有历时性和动态性，它以独特的方式记载着城市自身发展的历史脉络，反映出城市发展变化的空间特征，并记录着城市居民生活方式的转变和社会的发展。成都历史悠久，拥有近 3000 年的建城史，近 150 年的建都史，是国家级历史文化名城，中国西南地区科技、金融、商贸中心及交通、通信枢纽。

改革开放以来，中国进入城市化快速发展阶段，城市化水平不断提高。随着人口与财富不断向大城市集中，城市发展开始出现由原中心区向城市外围和郊区急剧扩张。成都市作为中国西部特大型区域性中心城市，城市化进程迅速，再加之其特殊的平原地形地貌，成都市城市空间发展主要呈现出明显的同心圆放射型发展特征，沿轴向走廊式发展。当今快速的城市发展使得历史空间痕迹与当代城市空间共融，在新旧区域呈现出具有差异性的市民日常生活行为模式。

1.2 当代城市空间现状

城市空间的发展已经不能满足城市人口的增加及多样功能的融入，社会变革以

1

及经济的高速发展同样彻底改变了城市原有的面貌。当今的城市生活已完全不同于历史中的生活行为模式，市民在城市外部空间的日常生活行为也发生了极大的变化，当代城市空间与行为的互动日趋紧密。

1.2.1　城市空间形态的演变

当代城市经济及社会的快速发展使城市空间形态演变的节奏明显加快，并且初步形成了与传统城市历史形态完全不同的格局。以机动车优先通行的道路系统、大尺度的城市街区，以及竖向发展的建筑体量形成了全新的城市形态肌理，使得当代城市在过快的发展速度中逐渐融合了城市空间在时间维度上的多样化的历史肌理。

1.2.2　城市空间形态与日常生活行为

大小不同尺度的城市地块划分、地块内部空间与外部城市空间呈现的多样化的关联关系、城市地块的开放性到强化内部的秩序性，空间及建筑类型的变化都深刻影响着城市居民的生活行为。不同时间维度上新旧不同的城市空间形态格局呈现出不同的市民日常生活行为模式。

1.2.3　城市街区公共空间的配置

一个被称赞的城市空间是以富有活力与生机为特点，受日常生活参与者的喜爱，并能自我完善，推陈出新。而城市公共空间活力是现在众多城市普遍存在的问题。城市活力不足主要表现在中观尺度下城市街区公共活动空间的匮乏上，没有人参与的城市公共空间，自然就谈不上活力。

1.3　基于"城市地迹"理论和 MAPPING 方法研讨当代城市空间的必要性

我国现阶段正处于城市化加速发展期，城市空间发展也正处于前所未有的多样化发展阶段，城市空间的肌理正面临多元重构与调整的历史机遇。加强当代城市空间发展的系统研究，对指导目前的城市建设规划具有非常重要的现实意义。

　　针对当代城市空间发展所面临的挑战，以时间·地域·痕迹为研讨的主题，运用 MAPPING 城市设计研究方法，通过认识成都城市空间地段的历史演变，讨论城市发展的不同时期各种元素在城市空间中的冲突、融合和共生，感受当代城市空间及行为的发展脉络，探索城市形态发展在时间、地域与痕迹三者之间的互动关系。

　　城市空间是承载城市居民日常生活实践的场所，研究城市空间需要关注每一地段市民日常行为活动与空间的关系，认识空间背后隐藏的社会、经济、历史、文化结构等。此次研讨将在成都市现有的城市空间中找寻典型的历史地段（包含上述问题中有正向表达力的积极空间的地段），与法国巴黎拉维莱特国立高等建筑学院及建筑学/人类学研究所的师生们联合共同开启本次 "中法国际 MAPPING CHENGDU" 的研讨活动，运用 MAPPING 城市设计研究方法，关注城市地块空间与市民日常活动行为的关系。希望本次研讨的成果将有助于促进对城市空间本质的解读以及对未来城市空间的思考。

2. MAPPING："城市地迹"理论和方法

2.1 "城市地迹"理论

2.1.1 "城市地迹"理论的渊源

自古以来，人类就一直希望了解他们自身和周围的世界。但是，由于过去物质和技术条件的限制，要达到分析清楚人类自己所处的环境是十分不容易的。于是各种图示也就成了人们认识周边环境最为原始的表达方式。

自文艺文复兴时期以来，由于透视法的发明及应用和工程测量技术的进步，城市地图准确性越来越高，开启了城市地图表现的新纪元。但是在文艺复兴时期，很多地图的绘制还包涵着艺术再现的功能。当时的画家也会亲自参与到彩色地图的描绘工作之中，例如 15 世纪具有风景画特征的地图及达·芬奇 1502 年绘制的意大利小镇以莫拉地图（参看建筑创作 ArchiCreation－达·芬奇的地图）。等到 19 世纪初，人们发现，地图的绘制基本上没有了所谓"艺术的成分"，转而成了一种在方格网中的不断填空——绘制地图就是将从田野里获得的地貌数据，不断地填到地表网格的坐标系里的过程。

2.1.2 "城市地迹"理论概述

"城市地迹"理论本来的意义是映射、绘制某地的地图，以及具有计划、测图、测绘等特征。但在本次以"时间·地域·痕迹"为主题的研讨，其含义是一种认识城市空间的独特方式，具体内容就是测绘城市，通过走访、记录、调研、分析进而描绘空间中发生的行为。在此次研讨中，试着从时序层面上对成都市的城市空间进行一种"地图化"表达，从中找出城市空间和形式特征的发展演变过程。它不同于传统城市分析方法，在调研中更注重对特定空间场地中人们的日常行为活动方式的关注，从环境行为心理学的角度，构筑人—空间—行为一体化的城市生活方式的混合体。

"城市地迹"理论是在时间维度上通过对传统及当代的元素在城市中的冲突、融合和共生的调研，将视觉感知的城市结构进行可视化的记录和阐释，并且把美学、空间、社会以及经济等因素考虑在内的对城市空间进行抽象的模型表述。依据这一理论与方法，能够详尽表达出时间维度上特定城市地段的发展演变过程中的日常生活行为痕迹，反映城市历史、生活方式以及城市空间形态互动的发展历程，并用图示的方法展现城市街区环境与行为活动之间的关联。

围绕本次研讨的主题"时间·地域·痕迹"，基于"城市地迹"理论，通过MAPPING方法对成都城市的不同时间节点和不同地段的空间特征和行为表达模式进行"地图化"，探索一套从时间维度上分析当代成都城市的地图，表达城市物质要素，空间与形式，市民行为、方法与美学，认识和解析目标。通过 MAPPING CHENGDU 的研讨，旨在认识成都城市空间发展的历史演变，感受成都的市井生活行为发展脉络，标注成都城市空间发展的行为痕迹。

2.1.3 "城市地迹"理论的价值与意义

真正运用"城市地迹"理论来分析和认知城市空间，其实是将人文话语及传统，与地图知识交织在一起，重新唤起诸如文化、美学、记忆、场所感、行为心理等人们的需求。对于该理论与方法的交流，也使得近几个世纪以来不同地区的地图设计语言可以相互理解，特别是对特殊区域地方性美学、地域独特性、历史联想价值的理解。借助 MAPPING 的表达方式使得基地融合了地方文化和历史内涵。当市民充分了解这种理论的内涵之后，就会加强他们对于基地的解读和理解。因此，基于这样的背景，借助这次研讨活动对"城市地迹"理论及 MAPPING 方法与实践进行一次跨学科知识的实践性探索。

2.2 MAPPING 城市设计研究方法

2.2.1 城市分析理论回顾

现代城市设计的历史已有百余年，虽然不可能直接从前人的理论和实践中获得解决问题的方法，但是百余年来的城市设计思想的发展历程，却是我们分析思考今天所面临的城市问题的基础。对于城市分析理论，王建国先生在《城市设计》一书中做了比较完善的总结，其将城市设计的分析方法大体分为以下几类：

（1）空间形体分析法，主要涉及视觉秩序分析、图底关系分析。

（2）场所文脉分析法，主要涉及场所结构、城市活力和认知意向。

（3）生态分析法，主要涉及麦克哈格的生态规划理念。

（4）相关线域面分析方法，探究了城市中的"物质线""心理线"和"行为线"等问题。

（5）城市空间分析方法，探讨了心智地图、序列视景、空间记注等。

在对城市设计分析方法分类时，王建国先生对城市设计所涉及的知识结构和可能运用的城市设计分析方法进行了详述，对城市空间中的物质形态、文化传统、生态理念、社会心理和日常活动等多方面做了研究。这些在各自历史文化背景下对城市问题的探索，为我们今天认识和分析城市空间的思路提供了最好的借鉴，为我们继续探索适合当代城市空间发展状况的城市分析原理和方法奠定了坚实的基础。

2.2.2 城市地图运用历史

远古时期，虽然物质及技术条件有限，但人类还是通过各种方式来表达自己所处的世界。于是历史上出现的各种图示也就显示了人类认识周边环境最为原始的方式。据资料显示，在史前，古人就知道用符号来记载或说明自己生活的环境、走过的路、日月星辰等。例如，中国古代的"甲骨文"是反映古人记载观察到的事物的特有方式。最初人们用简单的符号来表示事物，后来逐渐产生了文字，于是就有了符号与文字同时出现在地图上。包含一些简单线条和符号的原始地图大约出现在公元前 10000 年至 15000 年之间，这些最先标记图形符号的图示，就是地图的开端。

其实地图起码应该分为两大类，一种是展示地貌数据的地图，也就是我们日常所见的地图、测绘图等；另一种则是由亚历山大·洪堡等所倡导的专项图。这种分类有一个非常重要的意义，它拓展了地图的内涵。对于地貌地图来说，在现代测绘技术条件下，它变得越来越精细、准确，使用详细精准的数据来描述地形地貌。然而，在它貌似客观的科学性背后，恰恰就抛弃了非常重要的东西——我们常说的地域文化特征；而另外一类地图，比如洪堡的地层图、植物分布图，不仅像生物学那样，重新发现“土地的结构”而且试图在社会、人群、物种、气候、土壤、地理之间，找到联系和规律。在 200 年前洪堡在自然地理学中所使用的分析方法，貌似仅仅属于地理学的研究课题，实际上，其对于当代建筑学、景观学和城市规划学都有着深刻的关联。这恰恰正是如今建筑学和规划学所缺乏的东西，也是我们今天所要探索和研究的课题。

重要的是当建筑师们在理解建设基地地图的时候，不能简单地局限于上位规划所给定的指标，如用地红线、建筑退距、建筑密度、容积率等，即不能片面地采用一种通用的工程技术把未来建筑脚下的土地当成空白的绝对平面，而应该融入原有文化习俗、场地文脉、日常行为模式和城市空间肌理及尺度结构等因素。这些颇有意义的地方性知识或者场所记忆模式是不可或缺的。这种人文话语、传统与地图知识交织在一起，重新唤起了，有时甚至超越了诸如文化、美学、记忆、场所感、行为心理需求之类的境界，它更加重视特殊的区域地方性基地的美学美感、地质独特性、历史联想价值。这样的联系使得基地充满了文化和历史的脉络，支撑起地域的自我存在感。

2.2.3 MAPPING 方法

本次研讨的主题主要基于时间维度，观察特定地域空间特征，记录日常生活行为轨迹。这实际上就是一种另类的 MAPPING，通过制作类似地图图面的方式来展现空间、场地与生活行为痕迹各要素之间的表层关系，解析城市空间中隐含的内在逻辑。MAPPING 通常解释为“地图制作”或“制图”。一般提到 MAPPING 的概念均表达在制作的地图上标注现场观察到的各种客观要素，并重新诠释城市空间中各类要素之间的关系。例如，观察一条街道，通过观察记录街道空间的每一个节点、市政设施、建筑立面、市民日常行为信息来重新解析街道的连续空间、行为模式和城市发展的关系结构。MAPPING 通常意味着从另外一种新的角度梳理城市空间的理论、结构、认识、实践，作为一种观察认识城市空间的方式，通过标注这些可感知的客观要素，解析隐藏在城市空间形态表层结构之下的逻辑结构，寻求形式空间与文化、社会、行为及习俗之间的关联。通常可以利用 MAPPING 所描绘的城市特征，关联城市空间的内在结构，表达日常行为的可能性，从而对于制定未来的城市街区空间和场地策略具有相当重要的参考意义。

本次研讨旨在基于 MAPPING 城市设计研究方法，详尽表达出所选城市地段的历史发展演变，以时间、地域和痕迹作为线索，反映城市历史、社会生活、行为方式以及城市形态的发展历程，图示街区环境与行为活动之间的关联，实现人·空间·行为一体化的城市生活模式的情景再现。现场观察从街头空间情景及市民日常生活行为的调查入手，从连接的空间到集体空间分层次依次展开，详细诠释"街道生活"——城市空间和城市人群活动之间的相互关系。精选出的连接空间（街道、公路、高架道路、城市走廊、市政广场，等等）将被推荐为有代表性的城市"截面"。参与者将试图"地图"这些连接空间的正式的、空间的和材料的品质，以及它们的正式和非正式的使用方式；再利用各种方法绘图（经验、观察、形态分析等），即体验和结合不同的分析工具，如测量图纸、图表、照片、视频以及档案材料，绘制城市"地图"。最终通过观察者绘制详细的、系统的文档，提供一个对于城市街区连接空间更好的社会维度的理解。利用 MAPPING 重新展现这类"街景"，统筹考虑这些空间碎片所表现的复杂的城市、空间、社会、政治和世俗的力量，以表达一个在一定时间维度上富有秩序的城市空间。

基于 MAPPING 城市设计研究方法，通过调研实践去观察、认识并解析当代城市空间。其实践过程包含以下几个方面：

（1）建立研究目标。利用 MAPPING 方法观察分析城市空间，调研城市日常生活空间特征及使用者行为模式，探讨和解析其形成原因。通过理性地认识和解读城市空间，绘制含有特定要素的城市空间地图，注记不同时段、不同时序状态下的空间和行为形态，以达到下列目标：发掘出城市结构、生活方式、空间形态和人群行为活动之间存在的关系结构，认识和保留传统的、值得留存的地域文化痕迹和空间模式，强调城市空间的历史价值。

（2）选择调研地点。充分理解研究的目标才能理性地选择相应的场地作为调研对象，这也是取得良好研讨成果的关键。不是每个地点都可以作为研究的场地，也不是所有代表性的城市空间都是可行的，那些作为城市名片的地点因为混杂了太多外在的人为因素的干扰，其空间环境已经发生了很大变化。所研究的场地主要还是关注城市空间中那些具有互动特征的普遍存在的日常生活行为和空间环境，所以在选择地点时，一般应遵循原有生活氛围浓厚、一定程度上反映地域文化传统和良好的空间形态传承这 3 个原则。浓厚的生活氛围保证了人的存在，该场所就是各种活动的发生地，是一个各种行为的容纳场所。而良好的空间形态延续性则保证了地域文化的传承，排除过多外在人为因素的干扰，能充分感知和提取场所的关系结构。

（3）确定 MAPPING 主题。在研究的目标指导下，面向不同的场地进行分析并建立有针对性的调研主题。经过场地前期调研和相关文献资料搜集，进一步思考场地的空间与行为关联特征，由此可以初步确定调研的主题。MAPPING 主题的建立，应该以下几方面因素为主：场地形态特征、文献资料、历史文化内涵描述、使用人群的社会结构特征、自然地形地貌和社会政治经济因素等。

（4）拟定研讨过程。每一个场地的调研主题应立足于场地的城市历史背景，并且依据相应的主题内容确定调研计划。根据场地基本资料的搜集与分析，初步感知场地存在的空间与行为模式，总结出与研究主题相对应的关键要素，并以此指导MAPPING 研究的场地工作计划制订，推动调研工作的实施。建议通过详细的观察和记录的方式标注场地空间和行为的细节内容。调研内容与主题制定的要素一致，同样包括：场地区位关系、周边环境、人文历史、人群社会特征、行为活动及生活习俗、空间形态、景观特征等。

（5）MAPPING 城市地图绘制。依据 MAPPING 方法展开的城市空间调研，其最重要的内容就是根据场地调研搜集的资料进行归纳分析后的地图绘制，并作为对场地空间进行分析的基础。其基本步骤：直接观察场地中人群的生活行为现象，记录他们的日常行为活动轨迹，通过访谈了解人群环境心理意愿；系统地整理空间的物质特性和社会属性、人的行为模式和空间的使用方式；通过归纳以上内容绘制

MAPPING 地图,包括场地平面布置图、空间形体构成图(轴侧图形)、可见物质要素模型图、依据时间因素的行为活动图等。通过这些图形可以非常直观地表达人群行为特征与场地空间之间的相互关系,揭示在一定时间维度上的空间使用方式,同时利用这些地图还可进行进一步的理性分析。

(6)MAPPING 地图结论。MAPPING 主题涉及时间、地域与痕迹,通过建立 MAPPING 地图及分析,串联具有时间维度的各个场地的日常行为类型与空间分布的"地图",可以感知在时间进程中城市的地域文化精神特征及文化、社会、生活行为发展痕迹,能够反映出场地特定的文化内涵。揭示场地的深层结构,理解场地各要素之间的逻辑关系,有利于解析存在于城市形态的空间性与人群的社会性之间的互动结构模式,解释场地空间形式与日常行为的互动关系,进而认知特定城市地段的形态发展演变、人群社会生活及行为方式的变革历程。

2.3 MAPPING 城市设计研究方法应用案例

对于城市的认识,应该基于时间维度并关注历史持续状态下的城市空间,包括人对城市空间所保留的记忆、城市街区中所留下的人的行为痕迹、城市形态与肌理在演变过程中呈现的不同特征等等。如何理解城市空间与人类行为的关联是一个复杂的课题,也必然涉及多元化的认知。MAPPING 城市设计研究方法是对城市的感性认识和理性分析,需要记录个人对于城市的记忆点并汇集整理成册,便于进行城市与人之间互动的研究。对于这一点,国内的研究尚处在起步阶段,而国外的研究已较为成熟,有很多值得我们学习和借鉴的地方。

2.3.1 城市的演绎

哈佛大学的爱德华·格莱泽(Edward Glaeser)教授在《城市的胜利》(Triumph of the City)一书中,强调了"技能型城市的自我改造能力"。他只用望望查尔斯河(Charles River)对岸的波士顿,就能看到一个扮演过商栈、港口、制造业中心、金融中心和军用设备生产中心的城市,早期的电脑以及管理咨询业也是在这座城市中诞生的。格莱泽教授还提到,在经历了与美国"夕阳工业区"类似的命运之后，曾经的工业城市米兰是如何在 21 世纪头 10 年重生为设计之都的。米兰的中心和边缘地带都演变为工作室兴旺发达的地区，时尚业、建筑业和产品设计产业都得到了蓬勃发展。米兰还斥巨资把自己打造为商品交易会的理想举办地，并聘请顶尖建筑师进行空间设计，以吸引与米兰形象相配的创意产业企业。

这里所提及的城市个性和特色需要不断地发掘和创造，以保证城市长久的繁荣，对于城市的先验和演绎将为这样的努力提供依据。

2.3.2 从连接的空间到集体空间

一般的城市建设者都居住在“城市之下”，即那些低于人们视线的地方。这些建设者们把视线所不能企及的空间连接起来，然而他们对于这些空间也是一无所知的，就像沉浸在爱人臂弯一般的盲目。相应的路线互相缠绕，互相印刻的元素像未被细读的诗篇一样不易被理解。由这样的盲目性所建设起来的城市本身就是盲目的。

所以，如何 MAPPING 城市成了像“未被细读的诗篇”一样主观而不易理清的任务。MAPPING 城市以“街头生活”为主题，描述城市空间和人类行为的相互关系。在描绘的过程中挑选出一些连接空间，包括街道、小路、公路、城市走廊、市场等等，作为城市截面的代表。项目的参与者们将会尝试去描绘这些连接空间的空间性质、质量、自由度以及正式和非正式的使用程度等要素。

通过对各种方法绘图（经验观测、形态分析等）的利用，项目的参与者们将会体验和结合不同的分析工具，如实测图、表格、图片、视频、档案等。项目的目的是通过详细和系统的编制，提供对城市连接空间的社会维度更好的理解。需要强调的是，MAPPING 城市是对街景的“演绎”，而不是“再设计”，但要考虑这些空间碎片所表现的复杂的城市里空间、社会、政治等世俗的力量，以及其对庞大复杂的城市秩序的塑造。

2.3.3 MAPPING 城市的方式

对城市的“演绎”有很多角度，国外学者已有一些优秀的示范。以下是“MAPPING 城市”的不同方式，反映了不同城市的特定内涵。

2.3.3.1 酒地图

图 2-1 为 1885 年英国牛津城的酒地图，图中所示的点代表在这个城市中可以找到不同酒的地方。

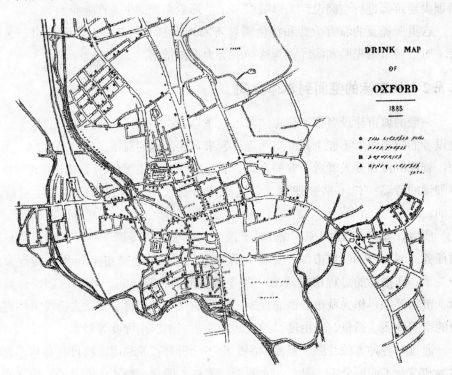

图 2-1 1885 年英国牛津城的酒地图

2.3.3.2 美食地图

图 2-2 为 2011 年伦敦萨瑟克区的美食地图，图中文字标注不仅显示了可以吃到美食的地点，也体现出了这个地方最值得品尝的美食。

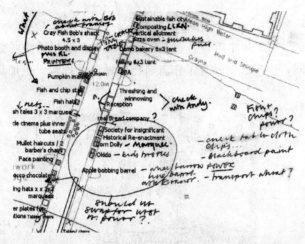

图 2-2　克莱尔·帕蒂绘制的 2011 年伦敦萨瑟克区的美食地图

2.3.3.3　记忆地图

图 2-3 是由 25 岁的物理、化学商业代理人罗杰·韦尔奇绘制的。从图中可以看出巴黎给这位代理人留下最深刻印象的地点有艾菲尔铁塔、凯旋门、圣心教室、巴黎圣母院、蒙帕纳斯大厦、绿荫大道、塞纳河、环城高速等。

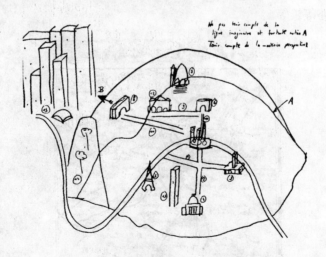

图 2-3　罗杰·韦尔奇绘制的 1978 年巴黎的记忆地图

13

2.3.3.4　交通地图

图 2—4 是 1951—1953 年由著名建筑师路易斯·康绘制的费城交通地图。与传统的交通地图不同，这张地图融合了作者自己对城市的理解，更加具有主观性。

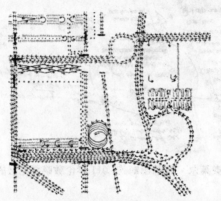

图 2—4　路易斯·康绘制的费城交通地图

2.3.3.5　环境地图

图 2—5 为 1645 年巴黎的环境地图，图中可以看出 1645 年巴黎与周边城市的关系及道路网的分布情况，同时该地图也较为详细地记录了当时铁路的数量、方向、走向及道路等级等。

图 2—5　1645 年巴黎的环境地图

2.3.3.6 视觉识别地图

图 2-6 是 2004 年对欧盟的视觉识别地图，图中通过不同的商标与图像，描绘出 2004 年对欧盟不同城市的视觉印象，从消费和商品的角度来认识和了解国家给人以较强的冲击力。

图 2-6   2004 年对欧盟的视觉识别地图

2.3.4   MAPPING THE DETAILS

以下例举了几幅城市空间细部描绘图（图 2-7、图 2-8、图 2-9）。

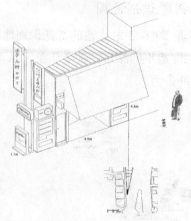

（犬吠工作室作品，pet 建筑风格指导丛书，2002 年东京）

图 2-7　城市空间细部描绘（一）

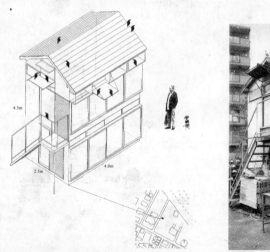

（犬吠工作室作品，pet 建筑风格指导丛书，2002 年东京）

图 2-8　城市空间细部描绘（二）

　　再庞大的城市也是由个体组成的，对城市的描绘最终会落实到对个体的描绘。其中"HOW TO MAP THE DETAILS"也是值得研究的课题。

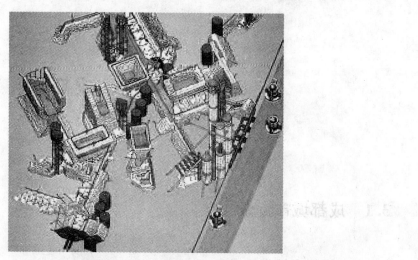

（建筑电讯派，插入式城市，1964）

图 2-9　城市空间细部描绘（三）

图 2-9 展示了如何将解构主义的原理运用于城市描绘中，以及如何记录城市特色和城市节点。

3   MAPPING 成都

3.1   成都城市背景

3.1.1   成都市城市概况

成都,位于中国四川省中部,是四川省省会,中国副省级城市之一,是国务院确定的中国西南地区的科技中心、商贸中心、金融中心和交通及通讯枢纽,也是四川省政治、经济、文教中心。成都是国家经济与社会发展计划单列市,国家历史文化名城。成都古为蜀地,秦并巴、蜀为蜀郡并建城,汉因织锦业发达而专设锦官管理,故有"锦官城"之称,五代时遍种芙蓉,故别称"芙蓉城",简称"蓉",1921年设市。

成都城市空间的扩展,基本经历了点状形成—轴向扩展—内向填充—圈层扩展—再次轴向伸展的拓展规律。

3.1.2   成都城市形态发展历史

3.1.2.1   古蜀时期城市形态

图 3-1 为早期成都城址示意。

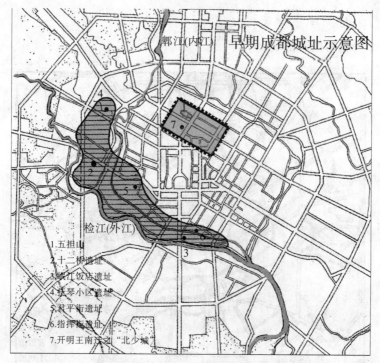

图 3-1　早期成都城址示意①

　　古蜀国的都城，由于治水的需要而迁徙无常。公元前 347 年，相当于中原的战国时期，由当时的开明王九世（一说五世）将都城由广都樊乡徙居成都，在成都平原上建立北少城，所以古代有"三徙成都"（郫邑、新都、成都）之说。

　　"北少城"位于如今天府广场以北的武担山一带，与传统营城制度相较，蜀王没有采用正南北中轴线的要求，而是因地制宜、依势傍路地采用了一条北偏东约30 度的轴线来定位建城。至此，这条偏心的城市中轴线，以及沿这条轴线在后来的秦大城、唐罗城中发展出的方格路网结构，一直沿袭至明初，总共近 1700 多年不曾改变。

①　四川省文史研究馆. 成都城坊古迹考 [M]. 成都：成都时代出版社，2006.

3.1.2.2 秦时期城市形态

图 3-2 为秦时期成都城。

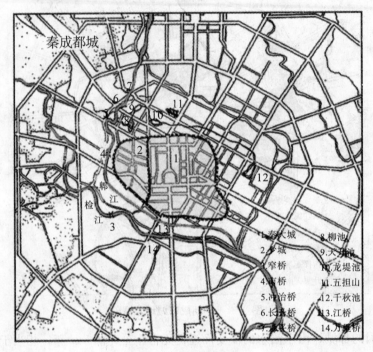

图 3-2 秦成都城①

秦时成都分为大城和少城两部分，均为南北略长、东西略窄的不规则长方形，二城合起来近似正方形。此时成都城兴建已仿咸阳之制，因其与咸阳同治，遂有一定功能分区，反映了与都城较高的统一性。据史载，少城又分为南少城和北少城，南商北管大致分区雏形已形成。

李冰于秦庄襄王时（公元前 249—247 年）传郫江、流江，双流城南，基本形成了二江并流的城市形态。

---

① 四川省文史研究馆. 成都城坊古迹考 [M]. 成都：成都时代出版社，2006.

3.1.2.3 汉唐宋时期城市形态

汉武帝时改筑成都城池，在原少城的基础上筑南小城，与之相对的蜀王城则称为北小城，加上锦官城，三城连接成大城，称为"新城"。

公元879年，唐剑南西川节度使高骈为加强防卫以抵御南诏等军队，又筑罗城，如图3-3所示。这是成都城第一次改用砖石建造。城内有大街坊一百二十坊。同时，在大规模修筑罗城时，将经过城南的郭江经人工改造绕过城北、城东后，至合江亭与流江汇合，形成现今府河、南河二江抱城的城市格局。同时也为成都用水、漂木、航运、防洪、防御等提供了便利的条件，对城市的发展起到了极为重要的作用。图3-4为宋元罗城与子城图。

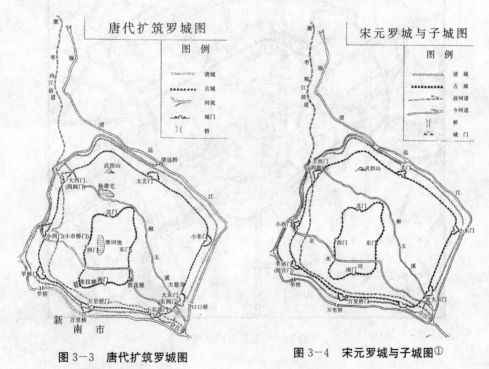

图3-3　唐代扩筑罗城图　　　　　　图3-4　宋元罗城与子城图①

---

① 四川省文史研究馆. 成都城坊古迹考［M］. 成都：成都时代出版社，2006.

3.1.2.4 前后蜀时期城市形态

图3-5为前后蜀时期成都城。

公元927年，后蜀孟知祥在罗城之外，"发民丁十二万修成都城"，增筑羊马城，城周达四十二里。其子孟超命人在城墙上遍种芙蓉树，一到秋天，四十里花开如锦，绚丽动人，于是得芙蓉城之名，即今成都简称蓉城的来由。

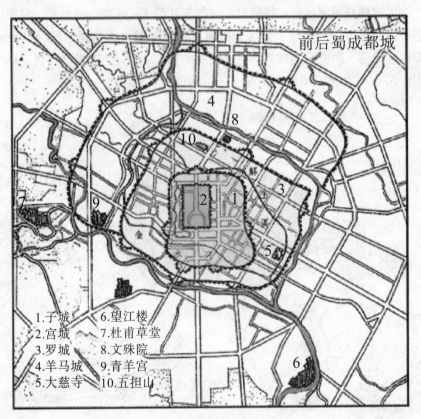

1.子城　　6.望江楼
2.宫城　　7.杜甫草堂
3.罗城　　8.文殊院
4.羊马城　9.青羊宫
5.大慈寺　10.五担山

图3-5　前后蜀成都城①

①　四川省文史研究馆. 成都城坊古迹考 [M]. 成都：成都时代出版社，2006.

3.1.2.5 明清时期城市形态

明初尽废汉唐旧城,另筑新城,如图3-6所示。明太祖朱元璋封其第十一子朱椿为蜀王,王府建在成都,蜀王府采用传统的轴线布局模式。

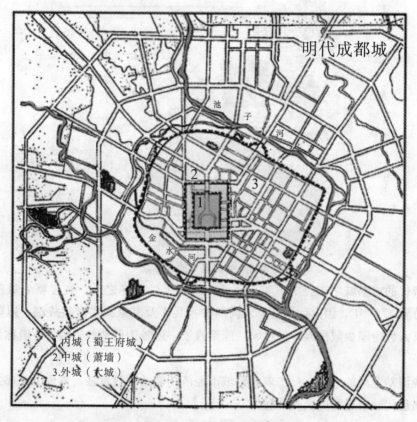

图3-6 明代的成都城①

图3-7为光绪五年的成都城。

① 四川省文史研究馆. 成都城坊古迹考 [M]. 成都:成都时代出版社,2006.

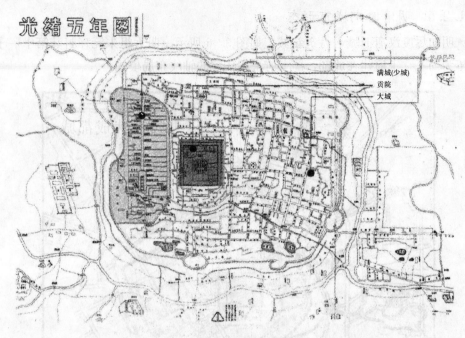

图 3-7　光绪五年的成都城①

清代的成都城是在经历了明、清两代的毁灭性破坏之后，在废墟上重建起来的。公元 1718 年，因由荆州调来之满洲蒙古兵丁及其家属需常住成都，以防御和镇压汉人和边疆少数民族，遂在大城西部修了一道较为低薄的砖墙，一般称为"满城"。

晚清劝业场的兴建，标志着成都城市经济功能的明显增强，体现了成都由封建城市向近代城市过渡的最初构想。

3.1.2.6　民国时期城市形态

民国时期，成都城因交通增长的需要，开辟了更多的城门，如图 3-8 所示。民国以后，城墙开始逐渐拆除。

① 四川省文史研究馆. 成都城坊古迹考 [M]. 成都：成都时代出版社，2006.

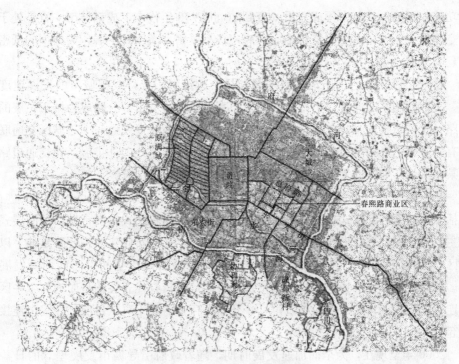

图3-8　民国时期的成都城①

1910年成都将军玉昆兴建了少城公园。这是成都城市发展的重要里程碑，是成都第一个近代意义上的公共空间，随后市区和近郊又增加了几处公园。

郊县联系的增强，在交通主导下城市发展呈现出早期城市交通辐射型结构，即从城垣开始沿四条主要通往郊县的道路两旁区域逐渐发展起来，呈星状扩张，因东连重庆，所以东部近郊区域发展最为迅速。

3.1.3　成都城市的现在

成都市城市空间形态扩展模式在不同时期的特征非常明显，在成都市城市的发展过程中，沿水系扩展是其主要特征之一，但是在近代水系逐渐萎缩，水系对城市

---

① 四川省文史研究馆. 成都城坊古迹考［M］. 成都：成都时代出版社，2006.

的功能作用降低。新中国成立后一直到 20 世纪 70 年代末，成都城市一直是处于传统空间形态模式，主要围绕市中心天府广场呈紧密型圈层式扩展，为典型的低密度蔓延式发展。

1978—1991 年，由于经济的发展和社会政策的引导，成都城市的发展速度加快，交通路网不断完善，市区二环路及原有连接周边城市的公路成为城市扩展的主要路径。城市轴向带状扩展模式是城市发展过程中新开发用地与中心城区交通联系的有效方式之一，城市呈轴向带状发展，沿各条交通路线向外扩展，在交通道路上的某些城镇，如犀浦等已经成为城市主城区的有机组成部分。

1991—2000 年，成都城市空间扩展显著，城市发展为多种扩展模式交叉进行，包括东部城区的圈层式扩展和西部（西南部）城区的跳跃式发展；城市的圈层式扩展主要包括对二环路内的城市土地进行开发填充，并向新修建的三环路延伸。以武侯区、金牛区、高新技术开发区的建设为代表，成都城市空间形态向西侧发展明显。跳跃式发展是一种不连续的城市扩展模式，比较有代表性的是犀浦与金牛区逐渐连在一起，成为城市的卫星城镇，一开始还存在一定距离，目前已经完全连接在一起。

2000 年至现在，为全面加速发展时期，随着政府引导城市发展理念的日益成熟，以及新的城乡统筹政策带来的新一轮城市化进程的快速推进，城市空间形态发生了翻天覆地的变化。近十几年，多组团紧密发展成为城市扩展的主要方式，目前已经是成都市空间形态演变的主要特征。

3.2　MAPPING 成都

3.2.1　MAPPING 工作组

本次以"时间·地域·痕迹"为主题，开展当代城市空间分析实践活动，由四川大学建筑与环境学院建筑系和法国巴黎拉维莱特国立高等建筑学院两校师生共同完成。中方学生和法方学生组成 6 个联合 MAPPING 工作小组，分别对成都不同地点展开了针对城市空间与市民日常生活行为模式的调研与分析。

　　法方指导老师由来自法国巴黎拉维莱特国立高等建筑学院建筑学/人类学研究所的教授和研究员组成，中方指导老师由来自四川大学建筑与环境学院建筑系的教授、副教授组成。他们在建筑及城市设计领域拥有丰富的理论和实践经验，并且已经指导多名研究生完成相关城市分析及实践工作。

　　法方交流营学生主要为硕士研究生及部分博士研究生。他们大都来自建筑学专业，也有部分来自景观学和媒体学专业，学科背景丰富，熟悉 MAPPING 方法。中方学生主要是来自于建筑学和景观学专业的本科高年级学生及研究生，也有部分艺术理论专业的学生参加。这些学生在专业学习方面积累了一定的经验。中法交流营成员的专业多样性是跨学科学术交流目标的一部分，同时中外学生不同的专业视野与思维交叉也是此次项目最终取得良好成效的保证。

3.2.2　MAPPING 场地

3.2.2.1　场地选择原则

　　本次以"时间·地域·痕迹"为主题的城市空间分析实践活动，拟针对当代成都城市空间场地和市民行为活动的关系展开相关的调查研究与分析。基于时间的维度，依据如下原则选择场地：

　　(1) 具备原有生活方式的住区。该场地能一定程度上反映出"原汁原味"的老成都市井生活方式，展现成都市民的日常生活情景。

　　(2) 表达城市本土文化和传统历史街区。该场地能代表并展现成都的本地传统或某种特色地域文化。

　　(3) 独特的地理地貌环境。该地点具备某种典型的自然地理特征，如林地、河流、特殊地形地貌等。

　　(4) 其他未受新城建设影响的街区。这类街区仍保留其旧城发展模式，具备传统城市空间的状态。

3.2.2.2　选定场地

　　此次课题所关注的研究场地，主要指一定时间维度中的具备一定历史积淀的城市地段，即具有鲜明本地特征的"老成都"片断，以及能够体现成都市民日常生活方式的场地。根据具体调研内容和时间安排，最终选定 6 个最能体现成都城市历史空间特征的街区地块，如图 3-9 所示。

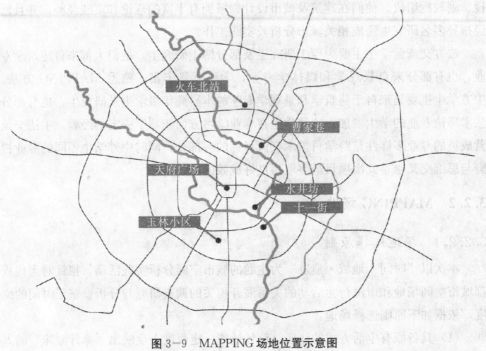

图 3-9　MAPPING 场地位置示意图

　　根据本次 MAPPING 主题研讨思路，最后筛选出十一街、曹家巷、天府广场、水井坊、玉林小区、火车北站 6 个场地。

3.2.3　MAPPING 成都的过程和成果

场地Ⅰ　十一街

1）场地背景

　　十一街位于成都市武侯区致民路，是一条总长不足 200 米的小街巷，至 2013 年还是一片老式民居，住着几十户"老成都"。在明朝天启年间这片老式民居被称为"猫猫庙"，又名"老虎庙"。早在明朝天启年间的成都地图上，这个地方被标注为"老鬼庙"，是一片总面积达 10 亩的道教建筑，其中二殿供奉老虎，三殿供奉太上老君（1951 年才搬走了太上老君铜像）。

抗日战争时期，大批难民入川，成都人口激增，成都市政当局在新南门外的致民路两侧征用大片农田荒地，扩建民居街道，从太平横街由东向西按南北方向建起的街道分别以序数命名为十一街、十二街、十三街、十四街、十五街、十六街、十七街，并派生出对应名称的巷等（图 I-1）。

图 I-1　十一街现状（蒲音竹摄）

2）研讨主题

对十一街的研究，以"Living Street"为主题，详细询问生活在这个街区的居住者，并仔细观察他们居住的环境形态和行为活动方式。通过对这种传统居住方式及相应居住环境的研究，希望找出在传统成都生活模式的背景下，传统街区的空间活力特征，以及在这样的空间内所呈现出的城市邻里关系。

（1）场地居住空间的衍变。

调查询问场地的历史文化特征，并分析该场地空间格局的变化过程。

（2）场地传统居住方式。

十一街保留着成都老旧街区的居住方式，邻里关系融洽和谐。其建筑为传统的川西民居平房，街区中分布着几个小院，系带有显著川西特色的天井院落。

（3）场地不同时间内人的行为活动。

在后续的调研过程中，小组成员详细记录了场地中人们不同时间所发生的行为，并制作行为轨迹图，同时总结了人们在同一地点不同时间的行为方式，寻找出其行为与空间的关系。

（4）人的行为对居住空间的影响。

十一街的空间环境中有许多人工改造的痕迹。根据对现场的踏勘和对居民的问询调查，总结出人的行为对居住空间的影响。

3）调研过程

第一阶段：分析背景资料以及初步认识场地。

确定调研场地之后，调研小组成员对十一街的历史、现状、未来可能的发展进行了较为详细的资料搜集。这条街的街名来源于抗日战争时期，其中最早的建筑是一栋古老的道教庙宇，人们称之为"猫猫庙"。到了民国时期，这里的庙宇变成了保长的住所；抗日战争时期，这里是人们避难的场所；中华人民共和国成立后，由政府重新分配给群众作为住房。在历史的长河中，在此居住的人们根据对居住空间及日常生活的需求，将十一街中的建筑进行了不同程度的改建和创造，才形成了今天十一街的面貌。其历史变更图底关联图（初稿）如图Ⅰ-2所示。

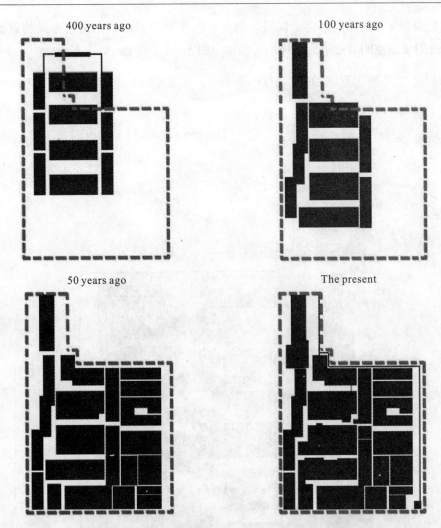

图 I-2　场地历史变更图底关系图初稿（蒲音竹绘制）

　　在初步的调研中，调查小组对场地内的人物、行为和环境进行了详细的观察记录。目前居住在十一街的大部分是已在此生活 10 年以上的老人们，还有少量在此租住的年轻人。老人们习惯了十一街的恬静淡然，习惯了与邻里之间家长里短的闲适，习惯了闲暇时去街头喝碗盖碗茶的生活。这里传承了老成都传统的生活方式和生活氛围。在观察人们行为的同时，调查小组还展开了对目前街巷布局的观察绘制，并对重点空间节点进行了详细的测量（图Ⅰ-3、图Ⅰ-4）。

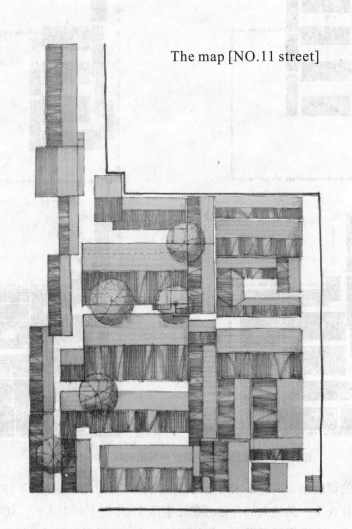

The map [NO.11 street]

图Ⅰ-3　十一街街区平面图初稿（蒲音竹绘制）

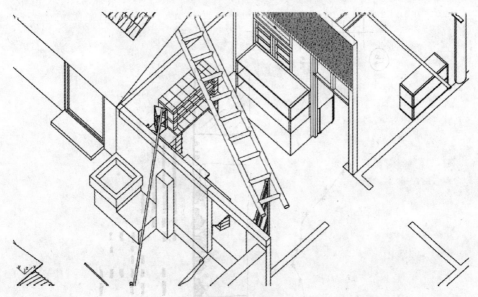

图Ⅰ-4　十一街个别房屋内部细节（小组成员绘制）

第二阶段：深入调研场地。

根据最初两次的现场踏勘调研，小组成员对场地有了一定的认识，接下来对已搜集到的材料进行整理归类并分析研究。为了更加详细地记录十一街居民的生活方式，小组成员决定再返回场地进行深入调研，包括记录建筑细部尺寸结构、人物活动轨迹、街巷内的声音频率变化等（图Ⅰ-5 到图Ⅰ-8）。

在之后的中期成果汇报中，小组成员详细展现了搜集到的资料以及通过初步分析想要表达的主题。老师和同学们积极交流，为小组成员指出了许多值得改进的方面。例如，如何更好地展现人物行为活动，如何更好地诠释街区的生活活力等。汇报完之后，小组成员们对已有成果进行了归纳整理，并再次返回场地进一步加强MAPPING调研的细节工作，准备下一阶级的图纸绘制。

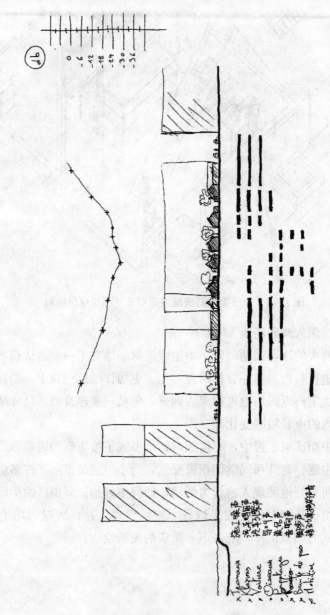

图 I-5　场地内音频变化分析（小组成员绘制）

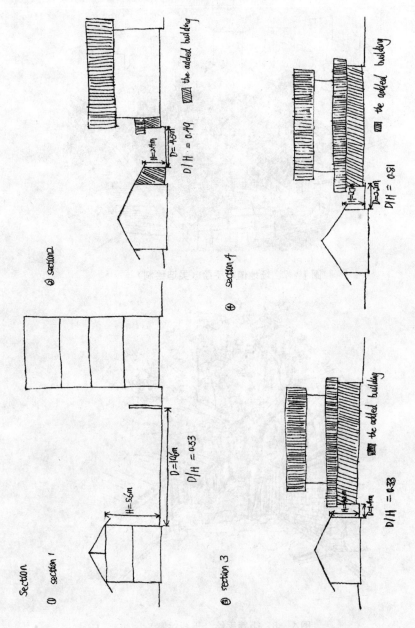

图 I-6 场地内街巷 D/H 比值关系图解（吴迪绘制）

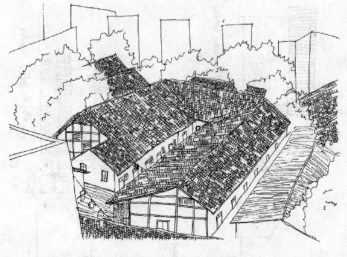

图Ⅰ-7　场地俯瞰手绘（吴迪绘制）

图Ⅰ-8　街巷手绘（王荻绘制）

第三阶段：MAPPING 图纸绘制。

通过第二阶段的深入调研，小组将搜集到的资料尤其是一些空间与行为的细节内容再次整理归纳，并将工作重心转移到分析图的绘制过程中。在这个过程中，小组成员相互协作，共同努力在图纸上很好地展现出了十一街人们的生活情趣，展现出成都老旧城市街区的空间活力。调查小组重新对场地地图进行了整理和绘制：法方学生用图纸主要展现了居民房屋内部的细节布置，以体现他们的生活环境状况（图Ⅰ-9）；中方学生用图纸展现了街区的历史变化、不同时间节点居民的不同行为，以及人的行为对空间的影响（图Ⅰ-10）。

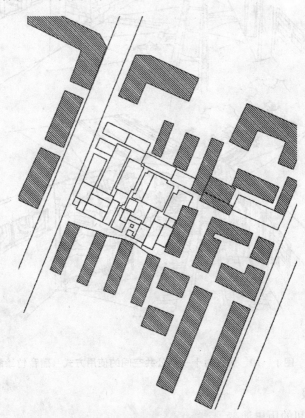

图Ⅰ-9 十一街平面简图（Berrouag Amina 绘制）

图Ⅰ-10　居民对十一街公共空间的使用方式（蒲音竹绘制）

4）成果汇报

（1）场地空间的历史演变。

根据对场地内居民的咨询调查，小组成员将场地的演变过程制作成如图Ⅰ-11

所示的平面图示，以便更加直观地展示十一街的变化。

　　在 20 世纪以前，十一街是明朝建造的"猫猫庙"。抗日战争爆发之后，庙宇被废弃，改为临时住房，人们根据需要对其进行了维修和改建。1949 年以后，这些房屋被划分成很多小房间，分配给市民居住。人口增多使得原来的空间无法满足人们对生活空间的需求，人们再次根据生活的需要对房屋空间进行了加建。20 世纪末，部分原来居住在这条街巷的居民因为经济条件的改善等原因搬离了十一街，十一街居民的社会背景变得更加复杂，来自不同地方的人们根据自己的生活习惯等进一步改建房屋和街巷空间，逐渐形成了现在的十一街面貌。

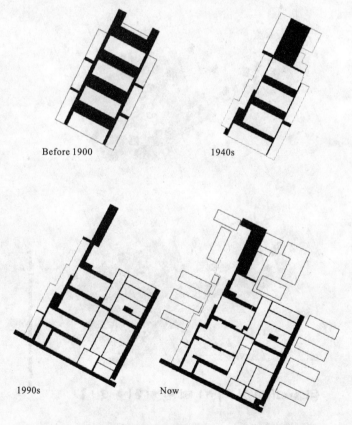

Before 1900

1940s

1990s

Now

图 I－11　十一街空间变化平面图示（小组成员绘制）

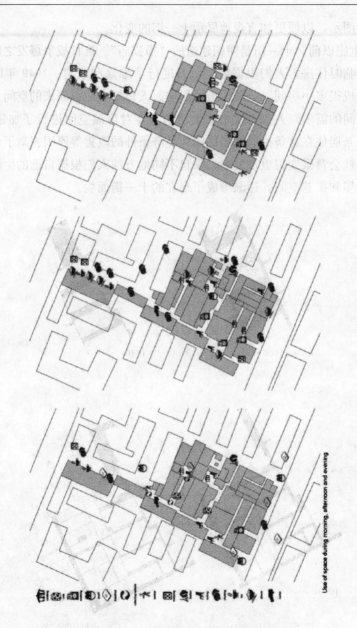

图Ⅰ-12 时间、空间、行为分析（小组成员绘制）

（2）时间、空间、行为。

调查小组成员对十一街不同的时间、空间内发生的居民生活行为进行了记录和统计，结果如图Ⅰ-12所示。

从图Ⅰ-12中可以发现，在北面的街口有一家传统老茶馆，老人们上午、下午、晚上都会去那儿喝茶、聊天、打麻将，这是十一街居民每天必需的一种生活方式。

图Ⅰ-12从左至右依次为十一街上午、下午、晚上3个时段的居民行为活动记录，其中标注了不同时段发生在此地的各种行为活动状况。

（3）物理环境与公共空间、私人空间的关系。

城市居民对空间的改建，使得公共空间和私人空间的界限变得模糊不清。虽然公共空间变得较为拥挤，但邻里关系却变得格外亲近。

小组成员对十一街的物理环境进行了相应的调查研究，包括场地内的音频、光线和物品陈列等，发现居民一般通过不同的物理条件来区分公共空间和私人空间的关系，如图Ⅰ-13所示。同时小组成员还对公共空间（街巷空间）和私人空间（房屋内部空间）进行了详细观察，并对其物品的陈列进行了记录和分析，如图Ⅰ-14、图Ⅰ-15、图Ⅰ-16所示。由于室内空间狭窄，空气潮湿，十一街的居民将洗衣池建在了室外的过道上。

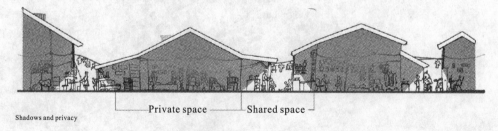

Shadows and privacy

图Ⅰ-13　通过光线的明暗来区分空间（小组成员绘制）

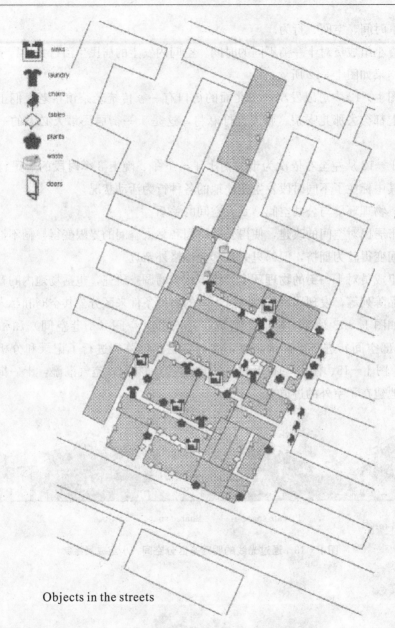

Objects in the streets

图Ⅰ-14　公共空间物品陈列情况（小组成员绘制）

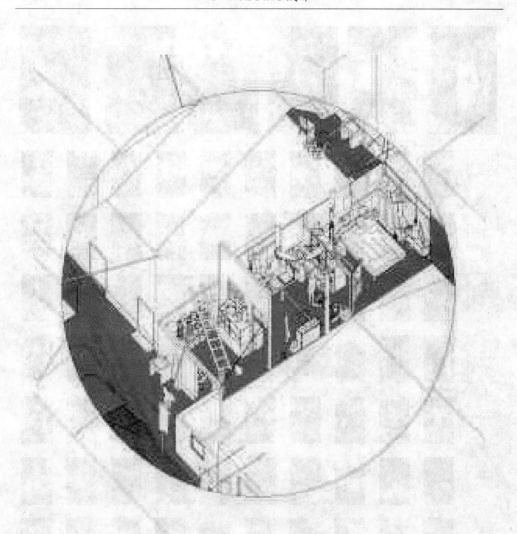

图Ⅰ-15 私人空间物品陈列情况（小组成员绘制）

图Ⅰ-16 场地内各种物品陈列情况（小组成员绘制）

小组成员根据十一街的现状，在街巷各个主要节点采集了音频数据，绘制了场地音频分布图，从中可以看到场地内外音频的变化情况，如图Ⅰ-17所示，反映了街区内部公共空间宁静与外部城市公共空间喧闹的对比特征。

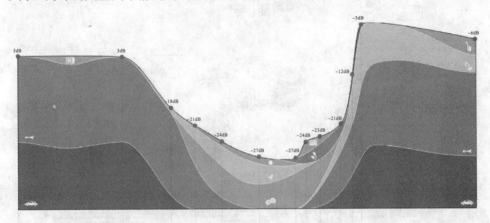

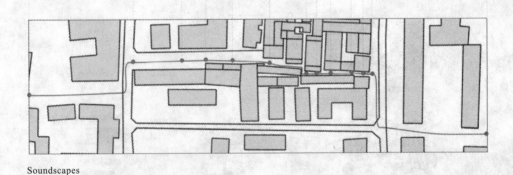

Soundscapes

图Ⅰ-17   场地音频分布（小组成员绘制）

（4）人的行为对环境的影响。

小组成员根据十一街的现状对居民的改建行为进行了分析归类，并绘制成图，如图Ⅰ-18所示。浓浓的成都传统生活情趣都融合在了这些空间之中。

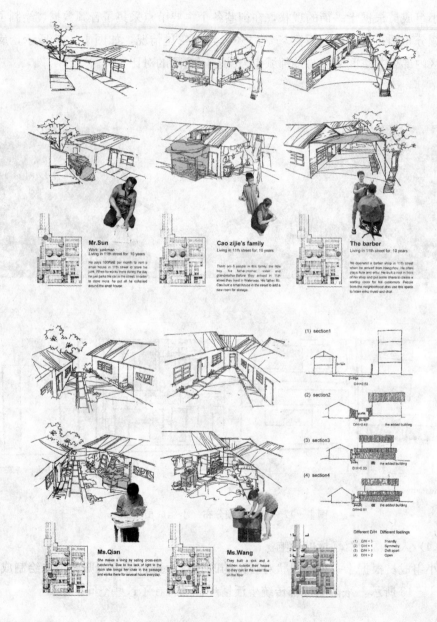

图 I−18　居民自建生活环境对场地的影响示意（小组成员绘制）

场地Ⅱ 曹家巷

1）场地背景

（1）地理位置与周边环境。

曹家巷社区位于成都老北门一环路以内，在中心城区，是 20 世纪 50 年代四川省建筑公司的工人宿舍区（公房性质），建筑为红砖苏式筒子楼，俗称"工人村"，场地位置如图Ⅱ－1 所示。

Location

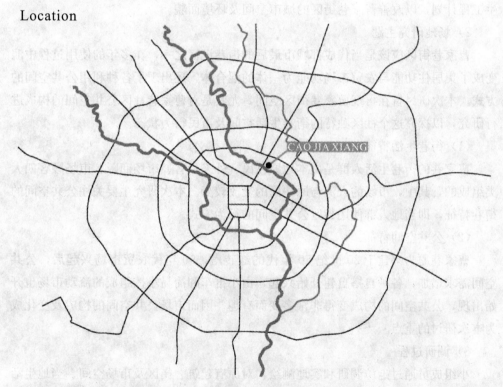

图Ⅱ－1 场所位置示意（小组成员绘制）

（2）历史沿革。

曹家巷社区始建于 20 世纪 50 年代，作为建筑公司员工宿舍，在当时为员工们提供了较舒适的居住环境。

20 世纪 90 年代，随着当地人口的增加，曹家巷"工人村"开始不断加建和改造，街区内也自发形成了农贸市场，著名的明婷饭店也在同时期开业。农贸市场渐渐占据了街区的公共空间，沿街建筑的一层被改为商店，居民及私营业者则根据生活功能的需求不断加建扩展原有住居空间，形成简易棚户，同时在临街面形成市场摊位，使当地居住环境要素日益混杂。由于宿舍区房屋建造多年，年久失修，经历 2008 年"5·12"大地震以后，多数房屋出现裂缝。当地经济条件稍好的居民为了改善生活环境而不断迁走。近年来，成都市政府将曹家巷社区纳入成都"北改"民生工程计划，以改善曹家巷街区的城市空间及环境面貌。

2）场地研究主题

曹家巷街区应该是当代成都城市最后的街巷记忆之一，在多年的使用过程中演变成了集居住功能与农贸市场功能为一体的混合体，还出现了各种利用公共空间的方式。本次研讨旨在再现曹家巷街区空间，尤其是对曹家巷社区公共空间的构成进行研究，以探究这个社区独特的街巷生活空间及市民行为状态。

（1）街巷生活特征。

曹家巷的街巷生活人群是由本地原住民、外来租客、市场商贩、市场顾客四大类组成的，其中，市场的人流与原住民的交流较少。本次研究主要关注公共空间的街巷特征，即当地人群使用街区公共空间的行为方式。

（2）公共空间特征。

曹家巷原为兴建于 20 世纪 50 年代的红砖房，90 年代农贸市场兴起后，公共空间需求增加，各种自搭自建开始兴起，由小推车和简易小摊组成的流动市场也开始出现，公共空间的构成变得非常多变而有趣。因而市场公共空间的构成及变化成为本次研讨的重点。

3）调研过程

小组成员通过走访调研和实地测绘，对原有建筑、街区及市场空间、当地生活行为特征做了深入分析；同时积极搜集整理公共空间的构成及组织方式的数据，并分析当地人在其中的生活方式。

阶段一：前期基础资料搜集。

首日，小组成员讨论调研行程后，前往曹家巷实地参观，观察现场情况及预计调查节点，之后进行小组讨论，交流初步成果，并确定次日活动内容。

次日，再次到现场进行实地了解，与红砖房内的原住民交谈沟通，进一步详细了解曹家巷街区的历史情况。同时仔细整理街区场地测绘资料，形成了初步的想法及成果。

在自然光线条件不好的红砖房内，小组成员走过一段室内楼梯，敲响了一扇虚掩着的门，一位老奶奶同意了小组成员进屋了解的请求。室内的器具简单而干净，但空间十分狭窄，老奶奶说最初的时候并没有厨房，是家人后来在房外另辟了一间厨房。

老奶奶介绍了当地的一些情况，她说，她的儿女都已经离开了家，平时就她一个人独居，经济条件稍好的老邻居也已经离开了，留下的只有和她一样不太富裕的老人。当地人离开后，房子就租给了外来的商贩，有的商贩会居住在这里，有的商贩只是用来做仓库。一楼的市场比较喧闹，所以临街的住户会得到商贩们给的一些经济补偿。虽然市场的物价很便宜，可以让老人的生活成本更低一些，但是她希望有更好的生活环境。

拆迁就意味着更好的物质生活环境。曹家巷的每一户人家都期盼着"北改"拆迁，还组成了"曹家巷自改委"，以推进"北改"拆迁的进程，并保障拆迁户的利益。

曹家巷的市场曾多次被诟病太过拥挤和杂乱，但也有其自己的特色：商品丰富多样、价格低廉，空间利用巧妙，商贩、客人、本地居民对空间的使用和他们之间的互动，使这片市场充满着活力。

人们期待着"北改"，期待着更好的生活环境，这片复杂而有趣的市场虽然有其独特的魅力，但仍然将逐渐退出历史的舞台。于是，小组成员提出了调研的方向，MAPPING = STREET LIFE MEMORIES（街道生活的记忆），真实记录即将消失的市井面貌。

第三日及第四日，讨论 MAPPING 构想，选定调研地块。因明婷饭店独特的对公共空间的利用方式，小组决定将其作为街区公共空间分析的一个案例。小组成员之间进一步分配具体任务，之后到场地再次进行实地测绘，共同完善整理调研材料，同时为中期成果汇报做准备。

阶段二：中期汇报整理。

在中期汇报过程中，大家互相交流初步构想及成果，并制订下一步工作计划。中期汇报后开始方案修改及进行 MAPPING 绘图工作，并听取指导老师建议，修改成果表达的具体方法。这一阶段所绘草稿如图Ⅱ－2、图Ⅱ－3、图Ⅱ－4、图Ⅱ－5、图Ⅱ－6所示。

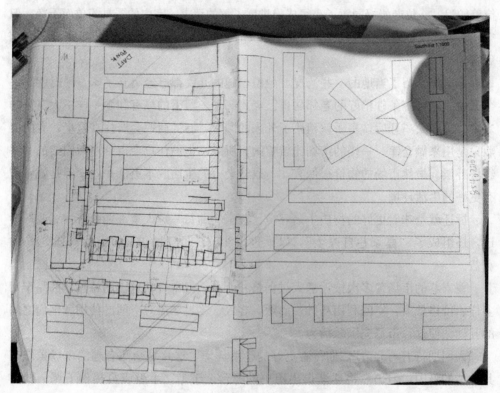

图Ⅱ－2　手绘草稿（小组成员摄）

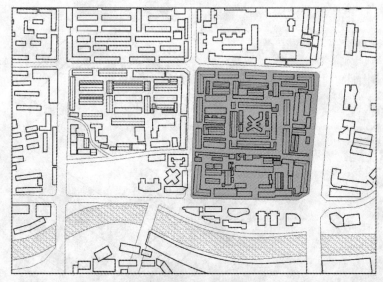

图Ⅱ-3 曹家巷街区总平面示意图，阴影为本次 MAPPING 调研场地

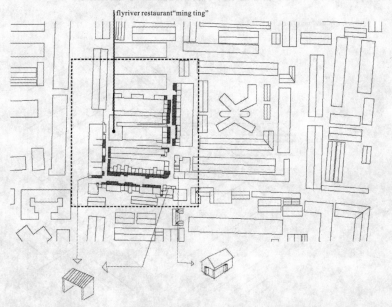

图Ⅱ-4 曹家巷自发农贸市场状况（虚线框以内）

flyriver restaurant "ming ting"

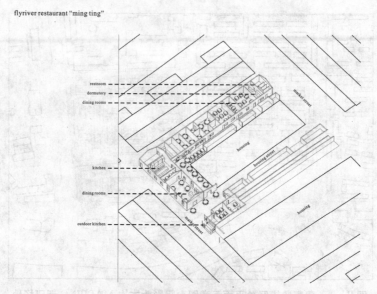

图Ⅱ-5 曹家巷明婷饭店轴测图 1（小组成员绘）

flyriver restaurant "ming ting"

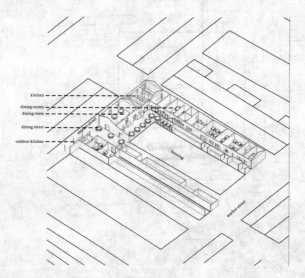

图Ⅱ-6 曹家巷明婷饭店轴测图 2（小组成员绘）

图Ⅱ-5、图Ⅱ-6为明婷饭店轴测图,两幅轴测图配合来看,可以清楚地看到明婷饭店对公共空间和饭店空间的混合使用情况,餐桌就摆在市场街道之上,两种空间融合在一起。当你走过市场道路时,你也就穿过了明婷饭店。

阶段三:深入整理分析及成果绘制。

前三天,集中精力进行工作,完善对最终成果的绘图表达。

最后进行项目介绍与答辩,并听取其他小组的报告,大家互相交流学习。图Ⅱ-7和图Ⅱ-8为小组成员现场答辩场景。

图Ⅱ-7 现场答辩1(小组成员摄)

图Ⅱ-8 现场答辩2(小组成员摄)

4）成果汇报

MAPPING = STREET LIFE MEMORIES。

曹家巷是一个即将被拆迁的地方，在经过了多次调研和讨论后，小组成员将MAPPING 主题确定为街巷生活的记忆，并分为 3 个版块进行介绍。

（1）场地的过去、现在及未来。

20 世纪 50 年代，曹家巷社区刚建成，第一代人搬进来，这里都是红砖房建筑且都是工人居住区（图Ⅱ－9）。

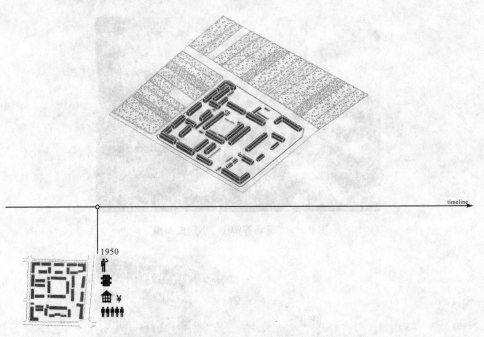

图Ⅱ－9　分析图——50 年代的曹家巷（小组成员绘）

1970—1990 年，第二代人出生，红砖房建筑和钢筋混凝土建筑并存，居民收入增加，人口增加（图Ⅱ－10）。

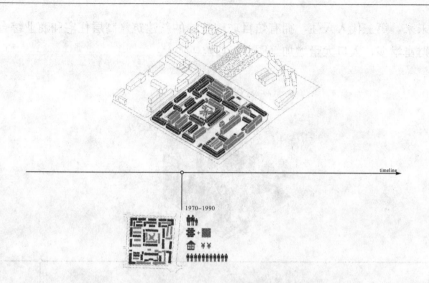

图Ⅱ-10 分析图——70年代的曹家巷（小组成员绘）

2013年，曹家巷本地居民减少，大量商贩入住，红砖房建筑、钢筋混凝土建筑、板房并存，低收入居民增多，人口减少（图Ⅱ-11）。

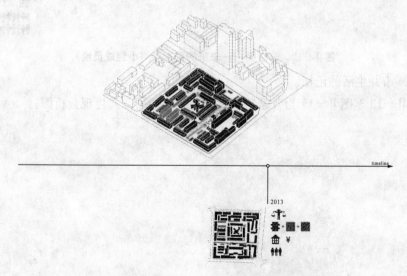

图Ⅱ-11 分析图——2013年的曹家巷（小组成员绘）

　　未来，第三代人入住，拥有炫目玻璃幕墙的新建筑（高层住宅和商业综合体），人均财富增多，人口大量增加（图Ⅱ-12）。

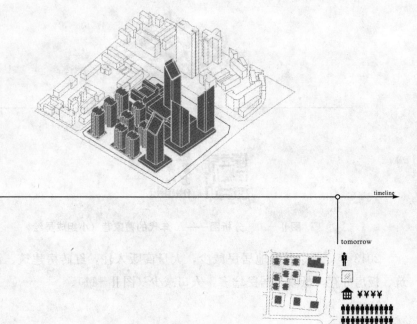

图Ⅱ-12　分析图——未来的曹家巷（小组成员绘）

（2）市井生活的记忆。

图Ⅱ-13至图Ⅱ-15为曹家巷原有公共空间使用方式再现分析图。

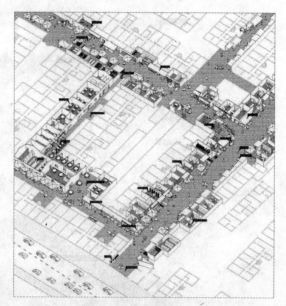

USING PUBLIC SPACE
A RETROACTIVE
MANIFESTO

图Ⅱ—13 分析图——原有公共空间使用方式再现 1（小组成员绘）

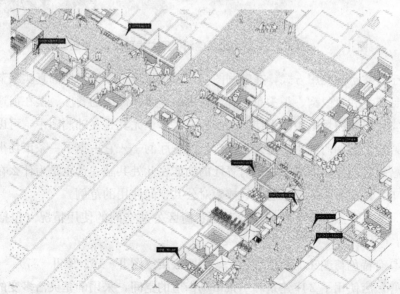

图Ⅱ—14 分析图——原有公共空间使用方式再现 2（小组成员绘）

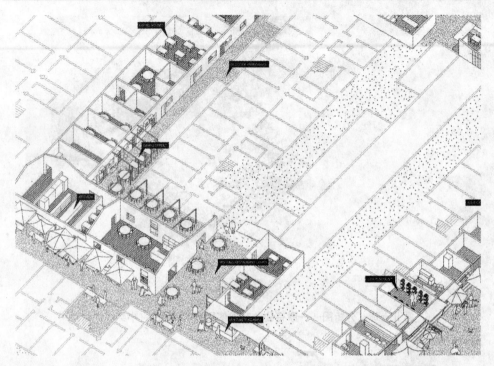

图Ⅱ-15 分析图——原有公共空间使用方式再现3（小组成员绘）

对于公共空间使用方式，在轴测图中，尽量再现了测绘场地的真实细节，例如街边的针灸室、看门狗、街头布告牌、打折店、明婷饭店的餐厅、摆在街道中的餐桌、外卖处以及在场所中的人使用场所的方式等。尤其是在轴测图中，可以清楚地看到明婷饭店是如何利用街道来当作自己的餐厅的——它占据了一条市场街道，但并不是替换其功能，而是将街道与餐厅的功能在此处共融。这也是为什么在曹家巷大市场中，选择它作为曹家巷市场摊贩对公共空间使用的范例。

接下来，重点分析7处典型的曹家巷街区公共空间的使用情况（包括明婷饭店）。

①具有特色与趣味的街边饭店——明婷饭店（图Ⅱ-16、图Ⅱ-17）。

明婷饭店使用了2座建筑和1条市场街道的空间，采用的是灵活多变的空间使用方式。客人可以直接从市场进入饭店的房间用餐。

STREET RESTAURANT
街边的饭店

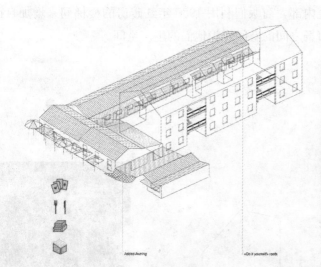

Ming Ting restaurant is taking over the space of two buildings and a street. This creates flexible and diverse uses of the spaces.
The visitor is sliding from the market directly inside the eating rooms.

Added Awning «Do it yourself» roofs

图Ⅱ-16 分析图——街边的餐馆（小组成员绘）

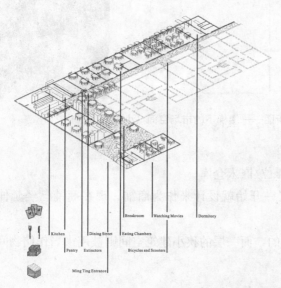

Breakroom Watching Movies Dormitory

Kitchen Dining Street Eating Chambers

Pantry Extinctors Bicycles and Scooters

Ming Ting Entrance

图Ⅱ-17 分析图——明婷饭店室内空间布局示意图（小组成员绘）

②楼梯下的市场（图Ⅱ—18）。

其空间组成方式为：嵌入/延伸/嵌入。

市场空间延伸到了建筑内部，商贩们利用1950年红砖房的楼梯间来增加自己的存储空间，利用楼梯和市场之间的空间作为他们的生产空间。

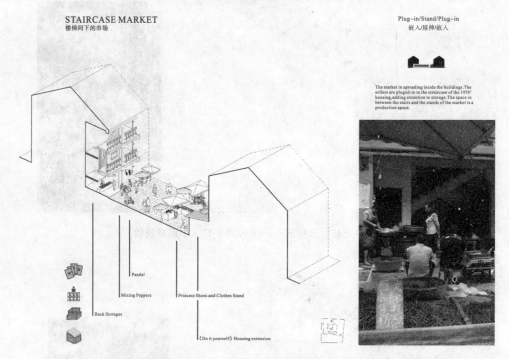

STAIRCASE MARKET
楼梯间下的市场

Plug-in/Stand/Plug-in
嵌入/延伸/嵌入

The market in spreading inside the buildings.The sellers are pluged-in in the straircase of the 1950' housing,adding extention to storage.The space in between the stairs and the stands of the market is a production space.

Panda!

Mixing Peppers

Princess Shoes and Clothes Stand

Back Storages

《Do it yourself》Housing extension

图Ⅱ—18　分析图——楼梯下的市场空间（小组成员绘）

③底层的市场（图Ⅱ—19）。

空间构成方式：零售店/摊位/嵌入仓库。

1970年，这栋建筑的一层一开始就设计来作为商铺，现在商铺已经延伸到了街道上。

街道对面的情形也是一样的，而一层的狭小建筑空间则被用来当作储物间。

GROUND FLOOR MARKET
底层上的市场

The ground floor of the 1970' building is designed
for hosting some shops,but they are spreading their
stands on the street.
The situation is similar on the other side,the small
constructions are used as storage place.

Watching Movies

Butchers Stands | Beans Stand

Meat Storage Box

Clothes Storage

Added Awning

图Ⅱ-19　分析图——建筑底层作为市场空间（小组成员绘）

④占据街道空间（图Ⅱ-20）。

空间构成方式：嵌入/加建/延伸。

在曹家巷社区宽大的街道中央，人们搭建了简易板房等建筑物。

临街的地方被用作商铺，其背面则被用作茶馆和储物间。

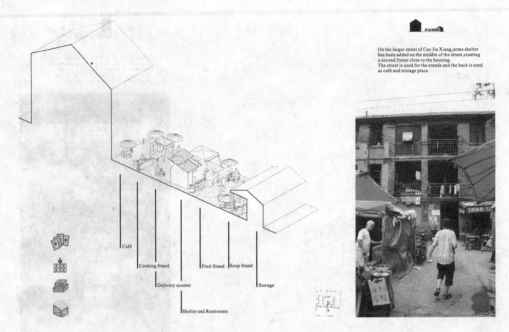

BACKYARD MARKET
占据街道空间

Plug-in/Add-on/Stands
嵌入/加建/延伸

On the larger street of Cao Jia Xiang,some shelter
has been added on the middle of the street,creating
a second frame close to the housing.
The street is used for the srands and the back is used
as café and storage place.

Café

Cooking Stand

Fruit Stand   Soup Stand

Delivery scooter   Storage

Shelter and Restrooms

图Ⅱ-20　分析图——街道空间一侧作为市场商铺（小组成员绘）

⑤梯步上的市场（图Ⅱ-21）。

空间构成方式：加建/流动摊位。

在曹家巷社区较窄的街道里，在私人院子的围墙和扩建的房屋之间，有许多使用非机动车辆的流动商贩，同时停放着许多用于运送货物的自行车、摩托车和手推车。

DOORSTEP MARKET
梯步上的市场

Add-on/Mobile Vendors
加建/流动摊位

In the thiner street of Cao Jia Xiang, in between a wall in order to privatise a courtyard and an 《do it yourself》 add-on housing extension, are standing some mobile vendors. Bikes, scooters, hand-car are used to transport the goods.

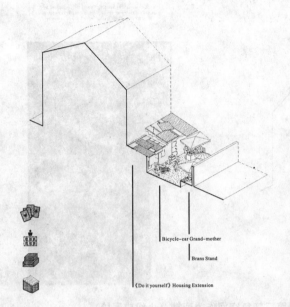

Bicycle-car Grand-mother

Brans Stand

《Do it yourself》 Housing Extension

图Ⅱ－21　分析图——梯步上的流动摊位（小组成员绘）

⑥路口的市场（图Ⅱ－22）。

空间构成方式：嵌入/加建/延伸。

这类建筑的一层几乎全被商贩所占据，在街上和摊位上都可以看见房间后面的储藏间和起居室。

CROSSING MARKET
路口上的市场

Plug-in/Add-on/Stand
嵌入/加建/延伸

In this typology the building floor is fully occupied by the sellers,their room in the back is directly connected to their strorage place/living-room.They can observe shop.

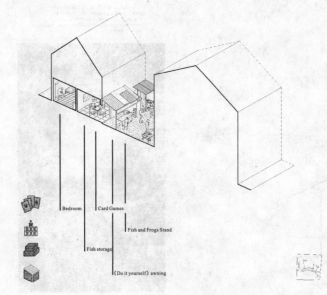

Bedroom　Card Games

Fish and Frogs Stand

Fish storage

〈Do it yourself〉awning

图Ⅱ-22　分析图——利用路口转角空间作为商铺（小组成员绘）

⑦墙角的市场（图Ⅱ-23）。

空间构成方式：私有/加建/延伸/嵌入。

在一幢 20 世纪 70 年代的房屋前，有一处私人庭院，停放着居民们的自行车和摩托车，院子里建有一处临时板房作为麻将室，院墙的另一边则被商贩们占用。

64

图Ⅱ-23　分析图——利用房屋室外墙角作为商铺（小组成员绘）

（3）对比。

曹家巷街区与成都其他新近建成的街区对比如表Ⅱ-1及图Ⅱ-24至图Ⅱ-27
所示。

表Ⅱ-1　曹家巷街区与其他新建街区对比

项目	街道状况	厨房	住宅空间	邻里关系	……
曹家巷街区	杂乱无章	简陋	狭窄拥挤	融合、经常交往	……
新建街区	清洁整齐	设施完善	宽大明亮	相互隔绝， 很少往来	……

图Ⅱ-24　分析图——杂乱与整洁（小组成员拍摄）

图Ⅱ-25　分析图——完善与简易（小组成员拍摄）

图Ⅱ-26 分析图——宽阔与拥挤（小组成员拍摄）

图Ⅱ-27 分析图——隔离与融合（小组成员拍摄）

从以上分析可以看出老旧街区居民日常生活状态下的空间环境与市民生活行为之间的密切关联特征。

场地Ⅲ　玉林小区——FRAGMENTS OF JADE

1）场地背景

玉林小区位于成都老城区南面，是一环路与二环路之间的住宅区，是成都市区为数不多的保存有完整的 20 世纪 80 年代居住建筑的城市街区，这是当时最典型的居住模式。玉林小区建设于计划经济的转型期，是非常具有代表性的。

玉林小区道路系统如图Ⅲ-1 所示，倪家桥路与玉林路在城市发展的进程中先后被拓宽，形成了城市道路、街、巷的多层级划分。这里的建筑每 2 幢为 1 个组团单元，棋盘式的街道布局，自发形成的街巷产生了巷道文化，居民们在街巷中经营买卖、饮茶、聚会等，日常生活行为模式丰富多彩。

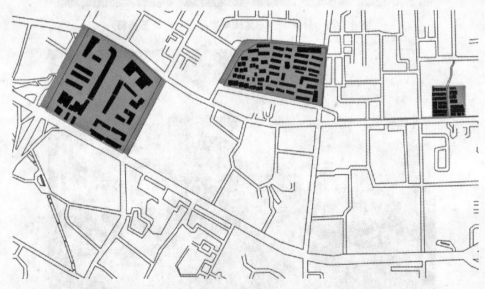

图Ⅲ-1　玉林小区道路系统（Mandana Bafghinia 绘）

玉林小区是一处集居住、休闲、商业的混合式居住区，其中包含了新建的住宅、正在拆迁和修复的街区、保留完整的 20 世纪 80 年代的居住小区等。在近 30

多年的发展过程中，玉林小区尽量维持居民原有的生活模式，公共场所数量的增加以及场所友善性的布置，较好地体现了当地居民休闲生活的行为模式（图Ⅲ－2至图Ⅲ－3）。

图Ⅲ－2　玉林八巷生活场景　　　　　　　　图Ⅲ－3　瑞升广场
（徐露鹏摄）　　　　　　　　　　　　　　（徐露鹏摄）

2）研讨主题

玉林小区在同一区域呈现了从 20 世纪 80 年代起 30 多年来不同年代中的建筑面貌。小组遵循 MAPPING 的思路，研究玉林小区的历史片段，包括文化、场所空间、人们的生活行为等多方面的内容。以时间为轴线，选择了 3 处分别代表过去、过渡时期、现在的时间节点来调研，探讨玉林城市空间发展与居民生活行为实践方式演变的脉络。

（1）文化片段。

通过调查 3 个地块中现有居住空间的形式，了解其中的传承演变关系，找出它们形成的原因和发展脉络。

（2）场所空间片段。

在不同形态特征的场所空间，人的行为模式是不一样的。空间形态对人的行为有着制约与促进的作用。记录各地块的场所空间，以此作背景，可以更详细地探讨市民的行为方式和当地文化习俗变化的原因。

（3）市民的生活行为片段。

观察并分析每个地块中居民的行为特征，并进行对比；探讨不同人及其不同行为模式产生的原因，并分析人的行为与人群特征、场所空间、文化习俗之间的关系。

3）调研过程

（1）资料搜集，初步分析。

①资料搜集：在调研开始前，在网上搜集了有关玉林小区的历史资料、以前的街区生活场景照片、地图等，如图Ⅲ－4、图Ⅲ－5所示，初步了解了玉林小区的历史发展状况。

图Ⅲ－4　20世纪80年代生活场景① 　　　　　图Ⅲ－5　老街区②

②直观感受：为了选择合适的调研地点，小组走遍了整个玉林街区，在不带有任何目的的前提下，试着用心去感受玉林小区浓浓的生活氛围（图Ⅲ－6、图Ⅲ－7）。

---

① 来自网络：cd. bendibao. com
② 来自网络：cd. bendibao. com

图Ⅲ-6 街区场景1（简祎摄）　　图Ⅲ-7 街区场景2（简祎摄）

③工作分配：小组成员分成 2 个小组，一组负责询问居民对环境的评价，并记录每个地块的建筑天际线和空间形态，另一组进行实景记录，并研究街区道路关系。

④地点的选择：通过观察与讨论，选出了 3 个最具特色的调研地点，分别是玉林八巷一带、蓓蕾巷一带和瑞升广场。

⑤测量、记录：分别估测各个地块的街道尺寸、房屋高度，同时根据自己的感受粗略地绘制比较有特色的户型平面。

⑥社区居民调查：搜集居民对当地生活环境的评价。

最后，小组形成了初步结论：仅从建筑材料、户型、建筑形式来看，玉林小区是一个相对老旧的城市街区。然而在成都市城区范围内，它却是一个生活便利，夜生活丰富，酒吧、时尚小店林立的地方。这与街区道路系统、空间布局、居住组团形式有关，玉林小区在一定程度上表现为开放式的居住街区，每一个相对独立的组团的尺度较小，组团的出口在两栋楼之间的庭院尽端，与整个玉林小区融合度较高。小区内道路层级较多且路网密度较高，由此自发形成了独特的城市巷道文化氛围。这都是在城市空间的演变中慢慢形成的，也可以说玉林小区是一个"自然生长"的社区。

（2）初步方案及中期成果汇报。

①测量街道尺寸，绘制剖面、立面以及户型平面图，如图Ⅲ-8至图Ⅲ-10所示。

②表现每个地块的特色，包括建筑风格、生活风貌、行为模式等。

③调查每个地块的空间形态。

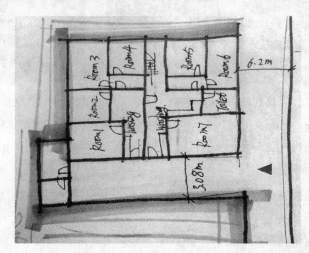

图Ⅲ-8　玉林八巷户型平面（徐露鹏绘）

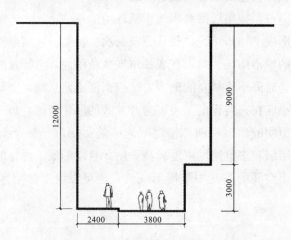

图Ⅲ-9　玉林八巷主巷道剖面（徐露鹏绘）

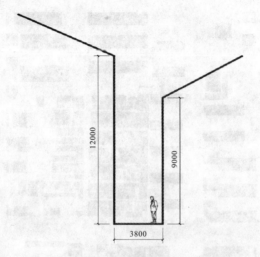

图Ⅲ-10　玉林八巷支巷道剖面（徐露鹏绘）

　　玉林八巷（地块 A）由一条主巷和多栋住宅楼之间形成的支巷组成，建筑密度大，外部生活空间尺度相对狭小，没有多余的公共活动场地。因此，在主巷中表现出人、车混流，非常拥挤，但是却能感受到这里是一个生活气息浓郁、喧嚣热闹的城市街区（图Ⅲ-11 至Ⅲ-13）。

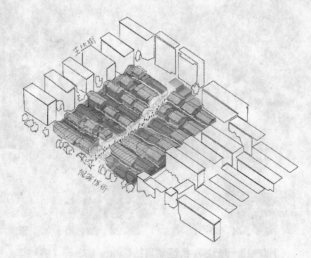

图Ⅲ-11　地块 A 空间形态（Mandana Bafghinia 绘）

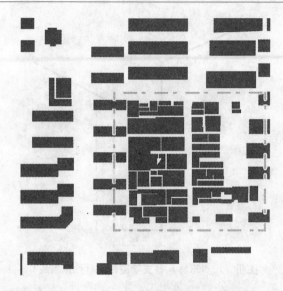

图Ⅲ-12 地块 A 平面（图底）（Orreia Moreno Annabelle 绘）

图Ⅲ-13 地块 A 街区场景（Cantor Carolina 摄）

火烧堰、蓓蕾巷一带（地块 B）多条巷道交叉在一起，在最南端由火烧堰巷绿化带将整个片区串联起来，并且作为主要的交通要道；在北端有直接连通玉林的蓝天路，供人、车通行。由于有玉林中路与蓝天路承担所有的机动车流，因此，小巷子主要满足居民步行，空间环境显得舒适、恬静（图Ⅲ－14 至图Ⅲ－16）。

图Ⅲ－14 地块 B 空间形态（Mandana Bafghinia 绘）

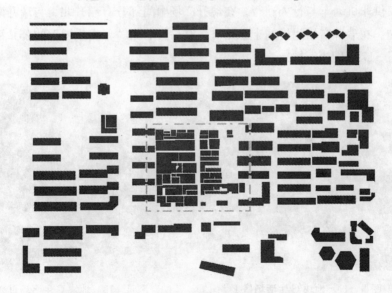

图Ⅲ－15 地块 B 平面（图底）（Orreia Moreno Annabelle 绘）

图Ⅲ-16 地块 B 街区场景（Cantor Carolina 摄）

　　芳草街的瑞升广场（地块 C）是位于街区之间的公共休闲的空间，与芳草街直接相连，仅供非机动车与行人通行。在瑞升广场中间部分有瑞升北街与瑞升南街与其垂直相交。在瑞升广场附近的十字路口，有一处名为"华资乐园"的公共活动场所（见图Ⅲ-17 至图Ⅲ-19）。

图Ⅲ-17 地块 C 生活场景 1
（简祎摄）

图Ⅲ-18 地块 C 生活场景 2
（徐露鹏摄）

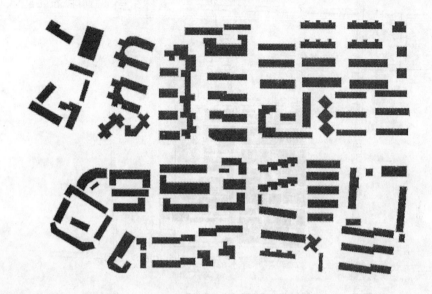

图Ⅲ-19 地块 C 平面（图底）（Orreia Moreno Annabelle 绘）

（3）资料整理、最终方案及终期成果汇报。

前期小组搜集了很多关于玉林小区的基本信息，包括玉林街区整体布局、道路名称由来、居住环境特征、居民行为方式、小装饰物等。根据多次讨论的结果，小组提出了调研的主题——FRAGMENTS OF JADE，即玉林的碎片，以此来凸显玉林历史发展的痕迹。同时也将调研的 3 个地块分别命名：历史碎片、林中居、现代小区，以表现各个地块的特色。另外，小组还改进了表现方法，即分别表达每个地块的空间形态、建筑密度等，理清 3 个地块之间的道路关系，从而增加了表现的趣味性。

地块 A 是一个城中村，建筑密度大，街道尺度小，主要是 20 世纪 70 年代的旧房屋，有很多不规范的搭建和待拆迁的房屋，居民生活空间狭小，生活品质不高。在这样的环境中保留了老旧街区完整的街道文化，熙熙攘攘的人群和丰富的生活行为展现了浓郁的生活气息（图Ⅲ-20、图Ⅲ-21）。

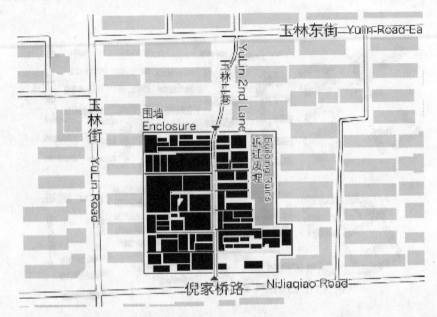

图Ⅲ—20　地块 A 总平面（Orreia Moteno Annabelle 绘）

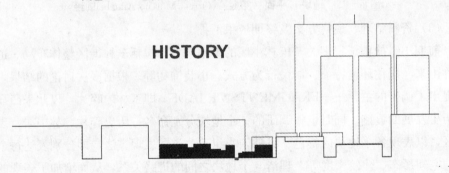

图Ⅲ—21　地块 A 天际线（Cantor Carolina 绘）

地块 B 是较富裕阶层居住的小区。组团式的布局，以 2 栋楼为 1 个组团单元进行管理，两栋房屋之间布置成庭院，在南端入口处设置了一条长形的绿化带贯穿整个小区。这里居民的生活品质较地块 A 明显高了很多，优雅的道路和精致的庭院小品体现了这个小区闲散的特征（图Ⅲ—22、图Ⅲ—23）。由于商业区域大多集中在玉林中路和蓝天路，因此这边的街道文化的多样性显得不足，一些小巷道成了居民散步的休闲空间。

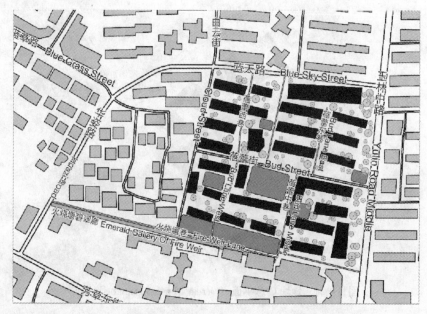

图Ⅲ-22 地块 B 总平面 (Orreia Moreno Annabelle 绘)

图Ⅲ-23 地块 B 天际线 (Cantor Carolina 绘)

　　地块 C 完全是新近建成的小区模式，看不到以前自发形成的街巷的影子。其最大特色在于多功能混合，集商业、娱乐、休闲于一体，吃饭、饮茶、居民散步、小孩娱乐、杂货买卖等功能都被整合在了瑞升广场——多功能混合的商业综合体（图Ⅲ-24、图Ⅲ-25）。它没有地块 B 的闲散幽静，但却有和地块 A 一样的浓浓的生活气息。

图Ⅲ-24　地块 C 总平面 （Orreia Moreno Annabelle 绘）

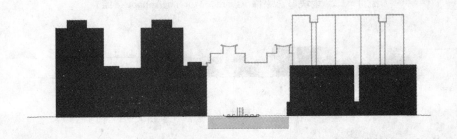

图Ⅲ-25　地块 C 天际线 （Cantor Carolina 绘）

①街区文化的保留与发展。

玉林文化是成都城市文化的浓缩与剪影。在玉林八巷的地块中，保留了完整的街、巷、道自发形成的商业文化，这条巷子里融合了该片区居民生活功能的全部需求，包括菜市场、五金市场、餐饮、旅店等。

　　城市道路的临街商业对巷道零售商业造成了冲击，巷道中的商业逐渐开始转移，功能开始变得单一，如蓓蕾巷与蓝天路一带的巷道其功能随着玉林路商业的发展而渐渐变得单一。在调研过程中，小组还发现，玉林片区街、巷、道的命名，如蓓蕾巷、蓝天路、芳草街、玉林路、彩虹街、白云巷、芳草街等，都源于大自然，从中可以看出这里街区环境的文雅之气（图Ⅲ－26、图Ⅲ－27、图Ⅲ－28）。

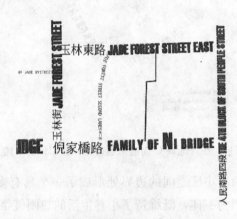

图Ⅲ－26　地块 A 街道命名（Cantor Carolina 绘）

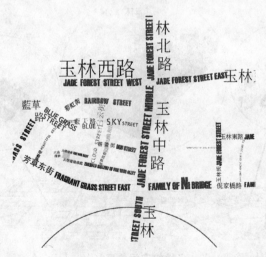

图Ⅲ－27　地块 B 街道命名（Cantor Carolina 绘）

81

图Ⅲ-28　地块 C 街道命名（Cantor Carolina 绘）

在芳草街一带，两个小区之间的边界处形成了一个具有多种功能的瑞升广场，其集娱乐、餐饮、休闲为一体，既维持了小巷生活的热闹气氛，又保留了巷道文化氛围。图Ⅲ-29 为玉林街区各地块的空间关系。

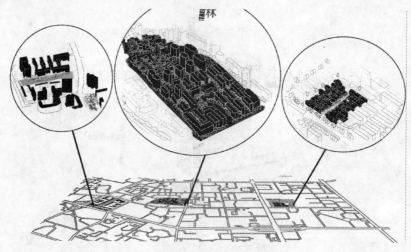

图Ⅲ-29　各地块空间关系（Annabelle 绘）

②居民日常生活行为模式的变化

人的生活行为与文化习俗密不可分。在玉林八巷，原汁原味的巷道商业文化与居民的生活行为交织在一起。居民们除了在主巷中购买自己所需的一切生活用品外，还经常在主巷中进行集会、散步、就餐等。在楼前的支巷中，居民们也会做一些手工活，同时与邻居闲聊。据采访信息显示，此处多为进城务工的农民工，经济条件比较差，人口数量又庞大，他们更倾向于邻里关系的居住模式，其生活交叉场所很多，如公用卫生间、厨房、巷道等。由于需要改善经济状况，他们通常都会做一些额外的手工活（图Ⅲ-30）。

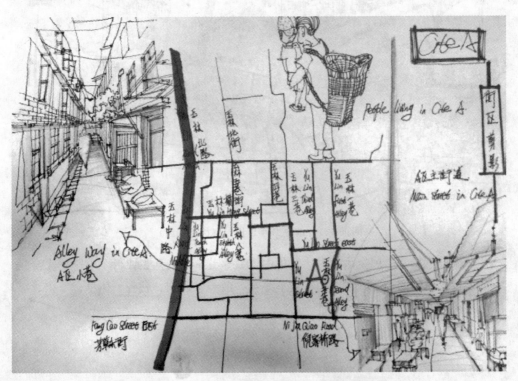

图Ⅲ-30　地块 A 手绘记录（徐露鹏绘）

在蓓蕾巷与火烧堰巷一带，居民生活相对比较清闲，北端蓝天路集中了所有的商业区，又因为是新建道路，尺度较宽，人们一般都在此处购物、就餐；在蓓蕾巷中，人们穿行散步，它起着人行交通的作用；在南端的火烧堰巷，有一个供居民休闲使用的绿化带，作为公共活动场所，居民在此闲坐、聚会、散步、遛狗、下棋等，各种街巷功能趋于单一化（图Ⅲ－31）。

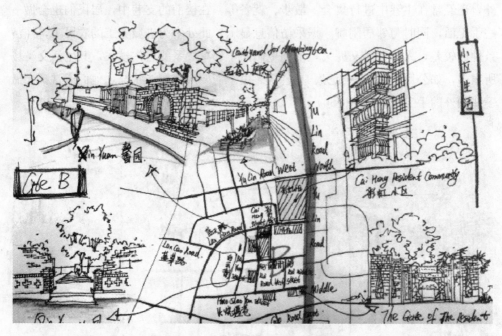

图Ⅲ－31 地块B手绘记录（徐露鹏绘）

在瑞升广场，居民生活相对比较集中，紧邻芳草街的某主要行车道路，完全是一个供行人休闲的场所，居民们在这里集会、散步、遛狗、就餐、休息、下棋、溜冰等，行为方式多种多样（图Ⅲ－32）。

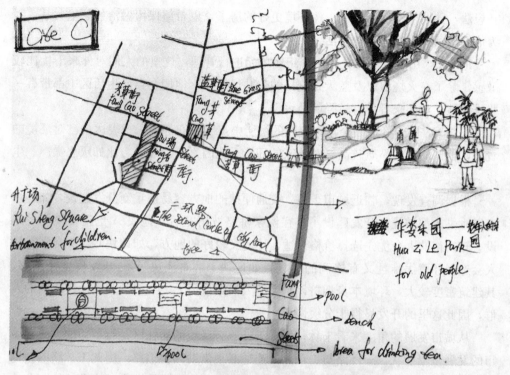

图Ⅲ-32 地块C手绘记录（徐露鹏绘）

分析表明：从场所 A 至场所 C，即从玉林八巷到瑞升广场，其公共场所分别为以街巷为公共场所、以巷道改成的绿化带为公共场所和以广场为公共场所；各区域居民行为模式复杂多样，即由于区域分区明确，导致特定区域居民行为模式即种类单一，又是复杂多样的变化；商业文化从只有巷道承载商业，到可选择出一条主街道来承载商业，再到广场与街道集中商业的变化。整个变化过程呈螺旋式上升，在发展中既保留了原来混杂热闹的生活气氛，又将休闲与生活功能分区，保证了生活的品质。在此次调研中，可以观察到玉林小区空间与居民行为发展的整个脉络。

②评价整理。

地块 A，相对于其他地块，玉林八巷的居民表现出较高的生活热情，虽然他们的生活空间狭小，但是忙碌的他们对外来的人却是十分欢迎，乐意介绍自己的生活和想法，并期待拆迁，希望入住环境更好的房子，也希望保留融洽的邻里关系，因为他们已经习惯了这样的生活。

地块 B，由于以 2 栋楼为 1 个组团单元进行管理，这里的人们对外来干扰比较敏感，除了在火烧堰以及蓝天路这样的公共场所中，他们在自己生活区中都带有一些排外性，对外来者具有较强的警惕性。

地块 C，因为处在一个集体交往的场所中，居民们都很乐意表达自己对环境的看法，他们的生活品质较高，对外来的环境干扰因素较为敏感，比如厌恶噪声、尘埃、尾气等。

根据调查发现，临近城市干道、交通便捷的地方容易被重新开发建设，如地块 C 与地块 B 都被优先开发建设了。在倪家桥路被拓宽后，地块 A 也正在被开发建设。较富裕的人会优先选择价格合适、环境又较好的地方，如地块 C。非常富有的人会选择环境优雅且又格调的地方，如地块 B。而地块 A 的开发程度还不够，其建筑密度较大，环境本身拥挤，承受的人口数量更大，大多数又是比较贫困的人群，因此这里的开发显得十分缓慢。

从城市发展的角度来看玉林，发现维持原有风貌的居住区是行不通的。成都城市的发展呈辐射状，一环路与二环路的连通必须借助其他道路，因此玉林路的拓宽不可避免。由于玉林原有交通模式被打破，而且新出现的商业点冲击着传统商业业态，因此玉林居民原有的生活行为模式势必被改变。

场地Ⅳ　水井坊+IN BETWEEN SPACE

1）场地背景

图Ⅳ-1 和图Ⅳ-2 分别为水井坊街区周边环境示意及平面图。

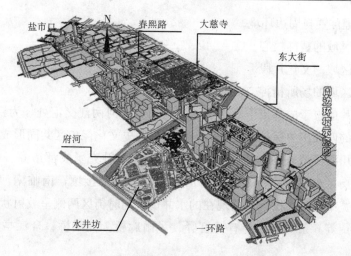

图Ⅳ-1 水井坊街区周边环境示意

图Ⅳ-2 水井坊街区平面图（小组绘制）①

① 袁尧、陈颖. 成都水井坊历史街区保护规划思考 [T]. 中国名城，2010（9）：37—41.

（1）地理位置与周边环境。

水，是区域的精神核心。

井，是区域的文化片段。

坊，是区域的场所精神。

水井坊片区位于成都市中心城区，于府河、南河两江交汇处，为锦江区所辖，是成都规划的四大历史保护区之一，与大慈寺历史文化保护区共同形成该片区独有的2个具有川西民俗风格的特色旅游街区，完善和补充了成都市商务核心区的功能。水井坊街区东邻九眼桥，西靠府河，北与东大街接壤，南临南河，长约800米，主街道宽窄有致。街区包括现在的水井街，同时街区两侧呈放射状分布有存古巷、青龙正街等6条街巷，并有锦官驿、风雨廊桥、九眼桥、合江亭等历史人文景观。

（2）历史沿革。

水井坊街区既为曾经的锦官驿，必然是由水路通往陆路的最大转换节点，昔日的锦官驿船只络绎不绝，商业繁华，形成了特有的驿站文化。原本的水井坊历史文化保护区保存了大片川西传统院落，保存了旧时的街巷肌理，保存了这个区域作为老成都的繁华旧迹，是成都建筑和文化资源的宝贵财富。

1974年，水井坊片区属于成都城区周边居住区，四周基本上都是农田；到了1990年，中心城区扩展到二环路，水井坊片区变成了城市内部居住区；2000年以后，成都中心城区继续向外扩展，水井坊片区逐渐成为市中心居住区。水井坊街区尚存百余年前的老院落，院落空间布局之分体现了古代人民天人合一、和谐共融的聪明智慧。留存的古树，是历史，是记忆，它见证了成都的演变与发展，同时"绿"也是水井坊不可或缺的历史基因。1998年8月，位于水井坊街区的全兴酒厂的曲酒车间发现了旧酒厂遗址，并被证实具有连续600年不断的酿酒历史，这是迄今为止发现最早的酿酒厂，是国家的瑰宝，是活文物。因而水井坊也被称为"中国第一坊"，这或许也是水井坊街区名称的来源之一。

2）场地主题——URBAN GREY SPOTS城市的第三空间点

温哥华·城市计划（City Plan of Vancouver）提到，城市是由一个一个的社区组成的（A city of neighborhoods），要使所有年龄和文化背景的人，都有一种社区感（there is a sense of community for all ages and cultures）。这样的城市才是一个经济和环境健康发展的城市，一个市民对影响社区和人们生活的各种决定有发言权的城市。

漫步在水井坊历史文化深厚的街道上，我们不禁思考，人们常常会对记忆中的老街道念念不忘，总觉得小时候的路和房子都有着别样的风味和不同的都市触感。随着老街道的改造，越来越多的儿时记忆离我们远去。是什么样的东西让这些老的建筑如此的深入人心呢？这些让我们魂牵梦萦的特征都有什么共同点呢？这一系列的问题正是这次研讨课题需要探讨的。

在对水井坊历史街区的调研过程中，小组成员概括出了"第三空间"这样的概念，认为这正是让像水井坊历史街区这样的城市老街道与众不同的重要原因。

对于"第三空间"来说，它具有很典型的东方气质，同时具备了公共性和私密性，而其最大的特点是为空间发展提供了更多的可能性。"第三空间"介于黑白之间，介于开放与封闭之间，但这并不是物理意义上的，而是一种心理上的感受。它具备一种模糊的边界，一边是公共空间，另一边是私密空间，共生共存。希望通过对"第三空间"的描绘来加强公众对水井坊历史文化精神的理解和认识。

小组在基地中选择了 3 个典型的地点作为分析节点：小区里私搭的小屋、长街中央的杂货铺，以及街道中间的老树。

3）调研过程

（1）资料搜集，初步调研。

①在事先初步搜集了水井坊历史文化街区的地理位置、周边环境与历史沿革等相关资料后，为了更好地了解水井坊历史文化街区的历史变迁与痕迹，小组整理了水井坊在不同时期的街区场地变化资料，并绘制出不同时期水井坊历史街区的建筑物重叠示意图（图Ⅳ-3、图Ⅳ-4、图Ⅳ-5、图Ⅳ-6）。

图Ⅳ-3 2001 年水井坊街区（Jonathan Bruter 绘制）

图Ⅳ-4 2005 年水井坊街区（Jonathan Bruter 绘制）

图Ⅳ-5　2013 年水井坊街区（Jonathan Bruter 绘制）

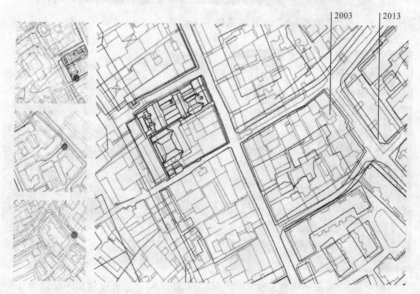

图Ⅳ-6　水井坊街区 2003 年与 2013 年建筑物重叠示意图（Sakellariou Thania 绘制）

②记下大致的路线后，小组成员一起来到了水井坊街区，走进那些或陈旧、或古朴、或崭新的街道、小巷和小区，一些独特的空间痕迹给小组成员留下了深刻的印象（图Ⅳ-7至图Ⅳ-11）。

图Ⅳ-7　水井坊居民小区场景1（郭洪敏摄）

图Ⅳ-8　水井坊居民小区
场景2（郭洪敏摄）

图Ⅳ-9　水井坊居民小区场景3
（郭洪敏摄）

图Ⅳ-10 调研小组现场讨论（杨长青摄）

SPATIAL TRACES

图Ⅳ-11 水井坊旧街区①

___

① 四川在线 www.scol.com.cn

（2）初步方案及中期成果汇报。

小组结合平面图与实地勘察绘制了水井坊街区的模型，如图Ⅳ-12所示，同时对水井坊街区内的建筑做了大致的分析，包括建筑功能、建筑年代、建筑质量与建筑高度（图Ⅳ-13、图Ⅳ-14）。在不同类型的建筑中行走给人不同的空间体验，而这样的体验将直接影响到人的行为。

鸟瞰图

图Ⅳ-12　水井坊街区模型（小组成员绘制）

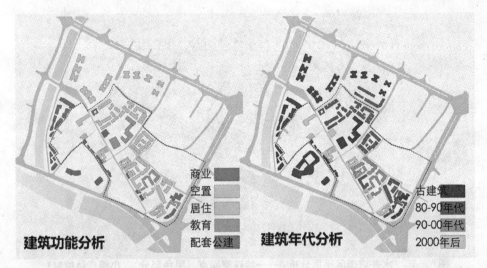

图Ⅳ-13 水井坊街区平面分析 1——建筑功能与建筑年代（小组成员绘制）

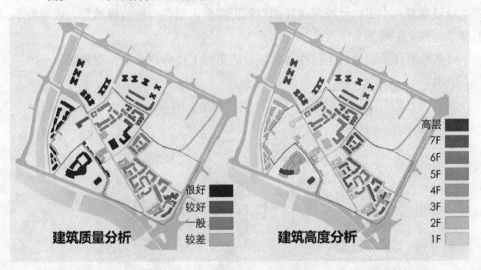

图Ⅳ-14 水井坊街区平面分析 2——建筑质量与建筑高度（小组成员绘制）

在分析的过程中，小组成员注意到了一种特殊空间的存在，即在这样的空间里人们的行为普遍变得多样化，并在地图上将这样的空间标识了出来，如图Ⅳ-15所示。

图Ⅳ-15　水井坊街区平面分析 3——特殊空间点（黑色部分）（小组成员绘制）

经过观察，小组成员发现这样的空间更容易出现在一些边缘地带，或两种不同类型空间的交汇处。

将基地所在平面分成不同性质的区块后再与上述标识叠加，得到图Ⅳ-16。

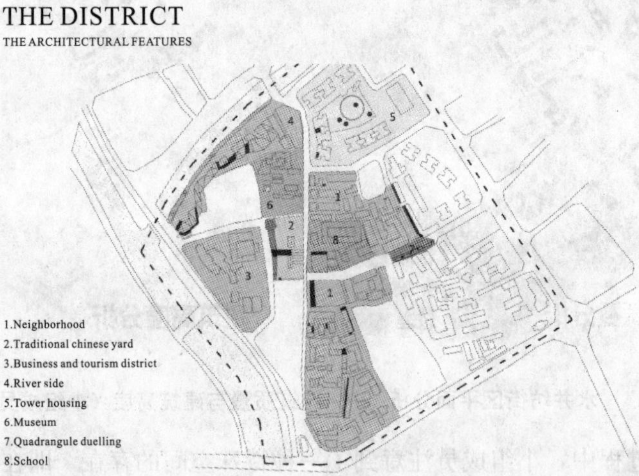

THE DISTRICT

THE ARCHITECTURAL FEATURES

1.Neighborhood
2.Traditional chinese yard
3.Business and tourism district
4.River side
5.Tower housing
6.Museum
7.Quadrangle duelling
8.School

图Ⅳ-16　水井坊街区平面分析 4（小组成员绘制）

96

　　调研小组决定对"第三空间"进行分析，那么如何才能找到一个"第三空间"呢？

MAPPING THE ACTIVITIES

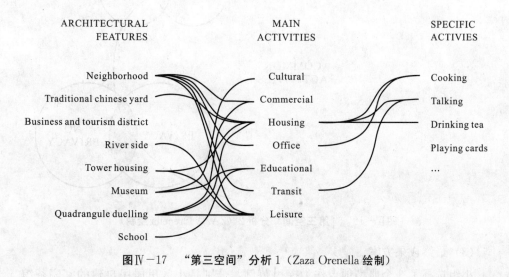

ARCHITECTURAL FEATURES	MAIN ACTIVITIES	SPECIFIC ACTIVIES
Neighborhood	Cultural	Cooking
Traditional chinese yard	Commercial	Talking
Business and tourism district	Housing	Drinking tea
River side	Office	Playing cards
Tower housing	Educational	...
Museum	Transit	
Quadrangule duelling	Leisure	
School		

图Ⅳ-17　"第三空间"分析 1（Zaza Orenella 绘制）

　　经过对人的行为进行图绘，通过连线可以看出在不同特点的建筑空间里会产生的主要行为和特殊行为，如Ⅳ-17 所示。例如在小区公共场地、河边、开放庭院、商业空间等人们会产生不同的行为，有些是常见的有些是不常见的。调研小组在这些建筑类型与行为模式中间尝试找出产生第三空间的共性。

　　当"内"与"外"，"封闭"与"开敞"，"私密"与"公共"交接的时候，这样的空间频繁出现（图Ⅳ-18），也就是说，在这样的地方更加容易聚集人群，更容易使人的行为方式变得更加的多样化。

97

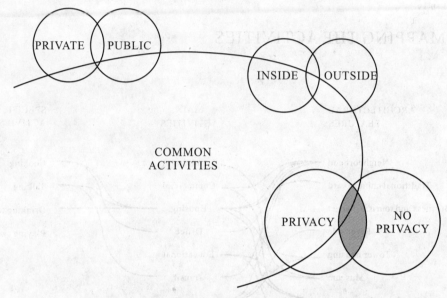

HOW TO FIND AN IN-BETWEEN SPACE

PRIVATE PUBLIC

INSIDE OUTSIDE

COMMON ACTIVITIES

PRIVACY NO PRIVACY

图Ⅳ-18 "第三空间"分析 2（ZAZA Orenella 绘制）

（3）最终成果方案。

小组选择了 3 个典型地点作为探讨范例，分别是小区里居民自建的家庭茶馆、长街中央的杂货铺，以及街道中间的老树。

①家庭茶馆——公共聚集点。

小区底楼的一家住户将客厅与小区围墙之间的空间围起来，形成家庭茶馆。这里的消费很低，甚至不花钱也可以坐一坐，客人多为本小区的邻居，因此大家互相都熟识。这个家庭茶馆成了小区老人和小孩聚集的地方。据老板讲，下午特别是晚饭后这里特别热闹，各家各户的信息在此传递，邻里之间通过这个概念模糊的聚集点增强了联系（图Ⅳ-19）。

IN-BETWEEN SPACE #1

Type:home
Use:tea room
Zone:1/neighborhood
Surface:25 mq
Intimity degree:…
Temporality:…
Inhabitants:…
Activity:…

图Ⅳ-19　案例分析 1——家庭茶馆：邻里之间的聚集点（小组成员拍摄并绘制）

通过初步分析该家庭茶馆空间所具有的私密性和公共性特征，发现越靠近两极的特征感越强（图Ⅳ-20）。

IN-BETWEEN SPACE #1
MAPPING THE PRIVACY

图Ⅳ-20　案例分析 2——茶馆空间的私密性与公共性（李沁忆绘制）

从图Ⅳ-21 中可以看出家庭茶馆与周边环境的关系，以及客人们可能产生的各种行为。在屋外小花园里，客人可以坐着休息或吸烟，在屋内可以交谈、打牌、喝茶、看报纸，屋后可以置物。这些行为发生在一天中不同的时间段，不同的行为密度、类型和关联性构成了该"第三空间"的主要功能（图Ⅳ-22、图Ⅳ-23）。

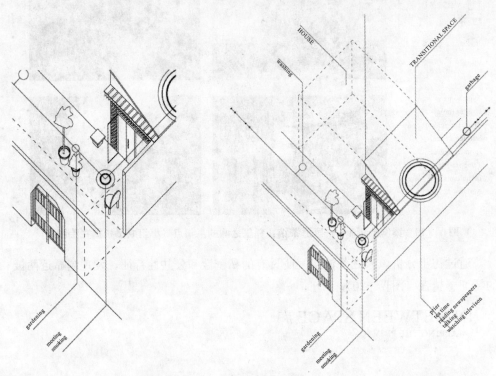

图Ⅳ-21　案例分析 3——"第三空间"的主要功能（Zaza Orenella 绘制）

IN-BETWEEN SPACE #1

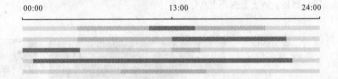

图Ⅳ-22　案例分析 4——不同时间段的行为特征（Zaza Orenella 绘制）

–Diagram of the flux of activity

–Detailed axonometry of in-between spaces

–Diagram of temporality

–intensity,type and relation of activity

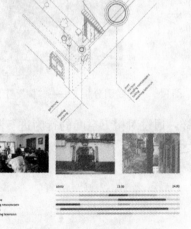

图Ⅳ-23　案例分析 5——空间与行为的关联性（Zaza Orenella 绘制）

②路中的大树——模糊的界线。

将一棵大树的树下空间定义为"第三空间"在理解上有一定难度。这是一个具有浓厚东方个性的想法。在水井坊这样的老街道上，道路的中间出现一棵大树也不奇怪。周围的商家喜欢在树下放把椅子，甚至是小桌子，常常会有过往的路人来问路或者交谈，偶尔也会有流动的小贩在此售卖，同时这里也是孩子们嬉闹玩耍的场所（图Ⅳ-24）。

IN-BETWEEN SPACE #2

Type:tree
Use:garden
Zone:1/neighborhood
Surface:50 mq
Intimity degree:...
Temporality:...
Inhabitants:...
Activity:...

图Ⅳ-24　案例分析6——"树"下的空间与行为活动特征（小组成员绘制）

同样，通过对树下空间的行为进行私密性和公共性分析，在一定程度上可以看出，较之家庭茶馆，其两极化行为更少，行为界限更加模糊（图Ⅳ-25）。

IN-BETWEEN SPACE #2

MAPPING THE PRIVACY

图Ⅳ-25　案例分析 7——"树"下空间的私密性与公共性（李沁忆绘制）

③小巷中的杂货铺——空间链接点。

在水井坊街区与外部道路之间有一条长长的小巷，小巷里有一家杂货铺，熟悉这个杂货铺的人偶而会驻足停留，而路人则会匆匆走过不置一言（图Ⅳ-26）。

IN-BETWEEN SPACE #3

图Ⅳ-26　案例分析 8——杂货铺：空间的转折点（小组绘制）

　　从行为分析上可以看出，这是私密性和公共性两极分化最大的点。处于交接点的杂货铺将行为更加清晰地划分了出来（图Ⅳ－27）。

IN–BETWEEN SPACE #3
MAPPING THE PRIVACY

图Ⅳ－27　案例分析 9——杂货铺：空间的私密性与公共性（李沁忆绘制）

　　4）成果汇报

　　水井坊历史街区一方面保留了老街道，另一方面由于地处城中心，交通便利，形形色色的高楼也在不断地拔地而起。行走在水井的街道上，新老建筑交替出现，不同的建筑必然会聚留不同的人群，而人群也会在社区感和亲切感上有不同程度的变化，对此水井坊到处都是鲜明的对比。图Ⅳ－28 为在一个老旧的小四合院中远望新建的高楼。

图IV-28 水井坊街区场景（Sakellariou Thania 摄）

　　如图IV-29所示，调研小组将基地内的空间规划进行了展示，即在第一层，将基地内的第三空间标识在平面图上，把作为探讨重点的3个点标注在第二层，可以看出其分布较为均匀，以之为中心可以辐射整个基地。第三层则分别列出了基地内空间的各种功能属性；从中也可以看出所选的3个点位于不同的功能区，使其更具有参考性。

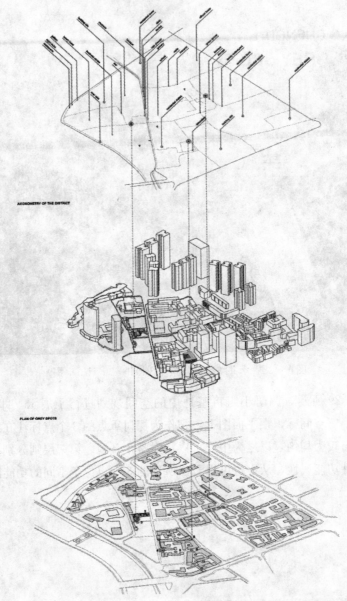

图Ⅳ-29　水井坊"第三空间"分析——第三空间与场地、功能的关联特征

（Jonathan Bruter 绘制）

　　调研小组试图探讨如何刻画一个与时间、空间、行为痕迹相关联的概念。水井坊社区内的各种场所协同作用，通过内外、私密与非私密、公共与非公共的心理感受产生出丰富多彩的行为（图Ⅳ-30）。

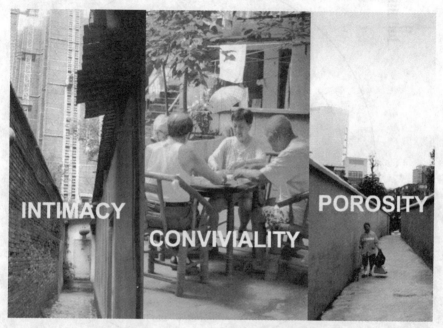

图Ⅳ-30　水井坊"第三空间"分析——时间、空间与行为痕迹（Jonathan Bruter 绘制）

　　3 个典型地点由于功能不同、所处的地理位置不同、空间特性不同等原因，使人产生了截然不同的行为，而不同的行为发生的时间点也不一样，所以它们受到有区别的场所"力"的吸引，在"力场"中处在各自不同的位置（图Ⅳ-31）。

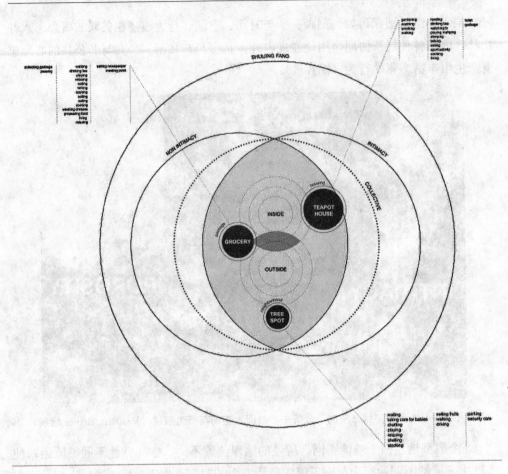

图Ⅳ-31　水井坊"第三空间"分析——3个"节点"空间的内与外
以及对日常生活行为的影响（Sakellariou Thania 绘制）

　　家庭茶馆位于小区拐角的位置，对聚集性产生了影响：一方面它紧邻居住单元，成为小区住户的必经之地；另一方面它紧挨着小区道路，为非小区人流提供了方便。而居住和商业的双重功能也使这个"第三空间"显得更加独特，商业和非商业行为在这个空间内和谐共存，出现了更多类型的聚留和更多平时不太会发生在同一空间的行为（图Ⅳ-32）。

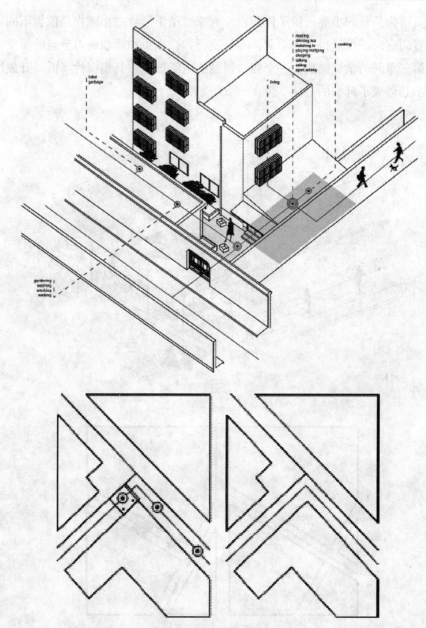

图Ⅳ-32　案例分析 1——家庭茶馆：空间的聚集点（Sakellariou Thania 绘制）

　　杂货铺为长长的小巷提供了停留点。与家庭茶馆所处的小区拐角位置不同，小巷长而直的空间特性显得更为单调，容易使行人产生更加强烈的对节点的需求。所以作为第三空间的杂货铺成为一个相对强烈的空间节点，其模糊性降低，开放性上升，与小巷形成了鲜明的对比（图Ⅳ-33）。

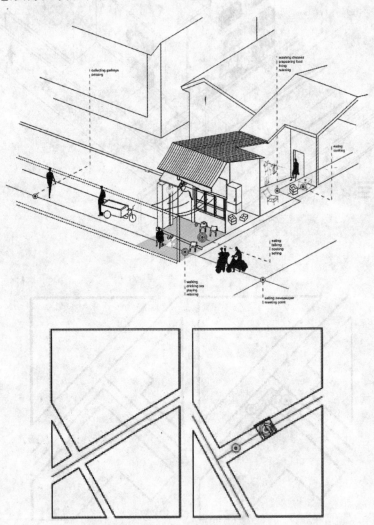

图Ⅳ-33　**案例分析 2——杂货铺：空间的连接点**（Sakellariou Thania **绘制**）

　　树下空间也为街道增加了行动多样化的可能性。与杂货铺类似，树下空间也在单调的空间特性中起到了节点的作用，但其个性在于强烈的模糊感。树下空间所聚留的人群在种类上相对较少，由于开放的街道具备强烈的公共性，模糊的树下空间尤其让人印象深刻（图Ⅳ-34）。

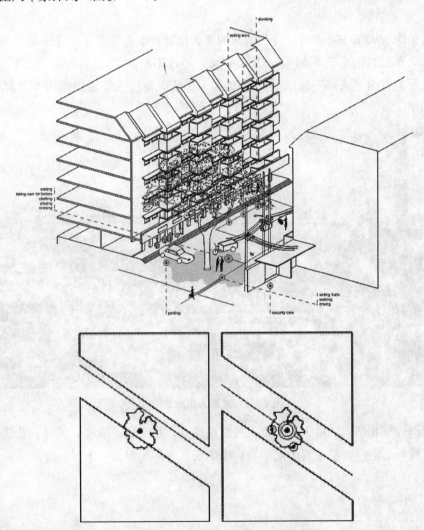

图Ⅳ-34　案例分析 3——路中的大树：模糊的空间（Zaza Orenella 绘制）

调研小组希望通过对"第三空间"的研究，为更加丰富且多元化的街区空间设计提供参考，同时，也期待其独特的东方气质能引起人们的注意。

场地Ⅴ　火车北站+STOP CITY

1）场地背景

轰隆隆的火车呼啸而过，行色匆匆的旅客提着行李进站出站，这里是成都火车北站。火车北站始建于 1951 年，几十年来，经过不断的扩建、改造、装修，唯有候车大厅上方的"成都"二字始终未变，一直见证着这些年来成都火车北站的变迁，如图Ⅴ-1 所示。

图Ⅴ-1　成都火车北站①

成都火车北站广场位于成都市人民北路端点，是宝成、成渝、成昆、达成 4 条铁路干线的交汇点，它主要由东广场、中广场和西广场组成（图Ⅴ-2）。

① 来源 www.baidu.com.

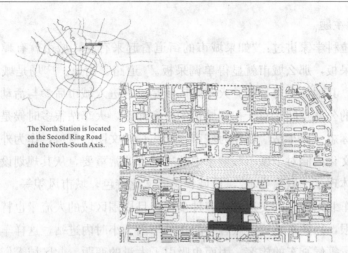

The North Station is located on the Second Ring Road and the North-South Axis.

图 V-2 火车北站地理位置（小组成员绘制）

截至 2013 年，火车北站是成都最大的客运车站，每日到发送旅客量达 7 万人次，同时它也是一个大型的中转站：火车、地铁、公交、汽车以及出租车等多种交通方式在此共存，同时也集中了各种服务业，比如餐饮、票务、书报、宾馆以及物流等（图 V-3）。

图 V-3 成都火车北站鸟瞰（小组成员拍摄和绘制）

2）场地主题

美国一位科学家讲过："如果城市的街道看起来有趣，城市就有趣；如果它看起来很单调呆板，那么城市就显得单调呆板。"道路、街道、广场是城市空间给人的第一印象，其地位无可替代。火车站广场是旅客进入城市后参与活动的第一个城市客厅性质的公共空间，对于初到城市的旅客而言，火车站很多时候是代表城市风貌的窗口性标志。火车站广场作为城市物质与精神文明的窗口，作为外来人口流动的场所，其文化内涵对于城市和城市中的居民都非常重要，从其规划设计中我们能感受到是否体现了"以人为本"，地域、民族文化特色，城市风貌等。

成都火车北站附近的交通方式多种多样，且周围区域的人流量也特别大，站内候车空间有限，因此车站规定旅客只能在开车前 2 小时内进站，这样车站前的广场就聚集了大量等候乘车的旅客，因而也吸引了大量的商贩。此区域人们的活动方式是本次 MAPPING 的主要研究议题，通过描绘火车北站广场场景，调研旅客、商贩以及周围居民在此区域的活动方式，主要记录成都火车北站广场的以下几个方面。

（1）地域的多重性。

20 世纪 90 年代以来，我国的城市规划建设从单纯的容量扩展逐步走向重视提高文化品位、环境品质及城市特色，这些变化使许多旧的城市广场在生态环境、整体形象和文化特色上都不能满足当今城市发展的需求。火车站广场作为城市对外开放的窗口，展示着城市的环境和特色。当代城市的发展要求火车站广场空间及周边区域必须具备完善的功能配置，确保城市有限的土地资源得到充分的利用。

成都火车北站广场空间的多重性主要表现在其交通系统功能配置的多样性。根据广场功能配置方式，火车北站主要分为东广场、中广场和西广场。东广场主要功能包括停车场、地铁出入口，且紧邻售票厅；中广场是游客等候区，其北面为车站的主要入口；西广场是停车场、游客等候区，紧邻出站口（图Ⅴ-4）。

图Ⅴ-4　旅客等候区的旅客（小组成员拍摄）

（2）流动和静止。

改革开放后，铁路业迅速发展，铁路运量、运率迅速增加，火车站广场的人流量和人员流动性大增，造成了广场的面积、交通组织和服务功能等方面与现实需求差距过大的矛盾。

成都火车北站是一个旅客流量特别大的车站，过往的人们在这里表现出各种不同的行为，包括流动的行为和静止的行为。根据调研观察，流动的人主要是进出站的旅客，静止的人主要是候车的旅客或者接站的人们（图Ⅴ-5）。

图V-5 广场上人们的活动状况

（3）时间片段。

空间和时间是事物之间的一种秩序，空间用以描述物体的位形；时间用以描述事件之间的先后顺序。空间和时间的物理性质主要通过其与物体运动的各种联系而表现出来。在不同时间段的同一个空间，人们表现出的行为活动方式是不一样的。

3）调研过程

成都火车北站为枢纽型车站，是城市对外综合交通枢纽的重要组成部分，存在着大量火车—地铁、公交—地铁以及未来地铁不同线路之间的换乘客流。火车北站周围由于交通枢纽的存在，形成了由里向外密度递减的环形区域，用地构成以交通用地及其配套服务设施用地为主。

调研的主要内容：火车北站周围的车站，包括汽车站、公交站、地铁站，研究它们之间的相互关系及换乘方式；火车北站周围的居民和商贩；火车北站广场前人们的行为活动方式等。

（1）资料搜集，初步调研。

初步调研主要包括以下几方面的内容：

①观察火车北站广场及其周边的一些区域，发现火车北站与周围的地铁、公交站、出租车站、汽车站以及成都二环高架桥等联系十分紧密，火车北站成了与其他交通方式连接的交互平台，因此人流量特别大（图Ⅴ-6）。

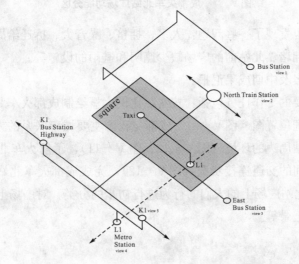

The square as an interchange platform between different transportation systems

图Ⅴ-6　火车北站与其他交通的连接（小组成员绘制）

②调研分析了火车北站对外交通的情况，表明成都火车北站为西南片区交通连接的重要节点。

③对成都火车北站广场进行了功能分区的初步研究，图Ⅴ-7为成都火车北站场地的功能分区过程。

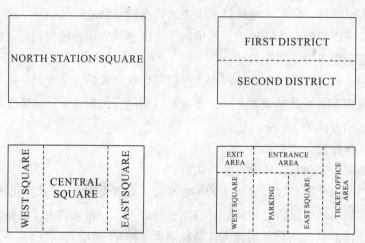

图Ⅴ-7 成都火车北站广场功能分区

同时调研中也发现了一些问题：人多、拥挤、噪音大、拆迁给周围居民带来一定影响，如交通拥堵、北站前的广场缺少遮阴和避雨的设施等。

（2）初步方案及中期成果汇报。

这个阶段主要的工作任务包括：按实际比例大概绘制成都火车北站在整个成都主要交通中的地理位置图（图Ⅴ-8）、成都与我国主要城市联系的方位图（图Ⅴ-9），拍摄火车北站周边的环境（图Ⅴ-10、图Ⅴ-11），了解火车北站与成都区域内的主要车站之间的交通连接状况（图Ⅴ-12），完成成都火车北站平面图的绘制（图Ⅴ-13），对北站广场上的人们的行为进行初步的分类，对广场上不同位置的人群密集情况进行记录等。

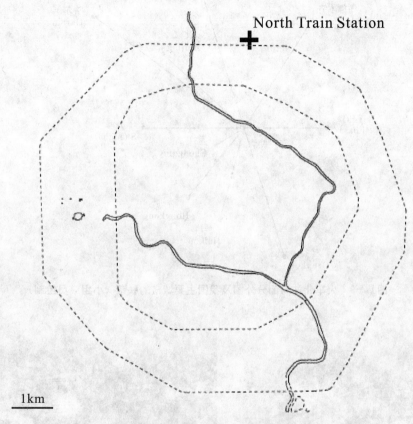

North Train Station

1km

图Ⅴ-8　火车北站（小组成员绘制）

119

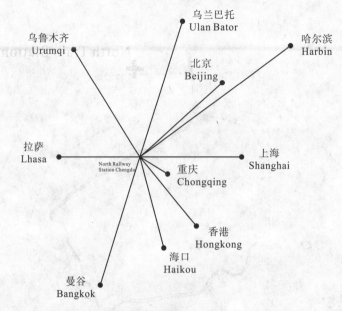

乌兰巴托
Ulan Bator

乌鲁木齐
Urumqi

哈尔滨
Harbin

北京
Beijing

拉萨
Lhasa

North Railway
Station Chengdu

上海
Shanghai

重庆
Chongqing

香港
Hongkong

海口
Haikou

曼谷
Bangkok

图Ⅴ-9　火车北站与部分外国及我国主要城市的联系（小组成员绘制）

图Ⅴ-10　火车北站周边环境鸟瞰1
（小组成员拍摄）

图Ⅴ-11　火车北站周边环境鸟瞰2
（小组成员拍摄）

图 Ⅴ-12　火车北站与成都区域内的主要车站之间的联系（小组成员绘制）

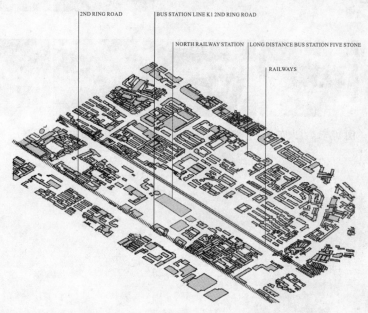

图 Ⅴ-13　火车北站周围街区总平面（小组成员绘制）

　　基于以上的分析，小组成员对观察到的行人活动进行了分类（图Ⅴ－14、图Ⅴ－15、图Ⅴ－16），并绘制了功能分区图、下午时段人流聚集分布图以及商贩分布图（图Ⅴ－17、图Ⅴ－18、图Ⅴ－19）。

CATALOGUE OF ACTIVITIES / STREETLIFE

RETAIL / SERVICES

IN A BUILDING

goods / services
for travellers / for inhabitants

IN AN INFORMAL BUILDING

IN THE STREET

图Ⅴ－14　火车北站广场及临近街道活动1（小组成员拍摄及绘制）

CATALOGUE OF ACTIVITIES / STREETLIFE

TRANSPORTATION

FORMAL

legal taxis
parking lot
subway exits

INFORMAL

2 and 3 wheels motorcycles
informal parking for motorcycle
illegal taxis

CATALOGUE OF ACTIVITIES/STREETLIFE

WAITING

FOR THE TRAIN

FOR TICKETS

ARRIVALS
[to pick up someone]

FOR CUSTOMERS

图 V−15　火车北站广场及临近街道活动 2（小组成员拍摄及绘制）

CATALOGUE OF ACTIVITIES/STREETLIFE

DELIVERING GOODS

GOVERNMENT SERVICES

Police/Security/controlled area

Garbage

CATALOGUE OF ACTIVITIES/STREETIFE

PLAYING

ADVERTISING

图V-16　火车北站广场及临近街道活动分类（小组成员拍摄及绘制）

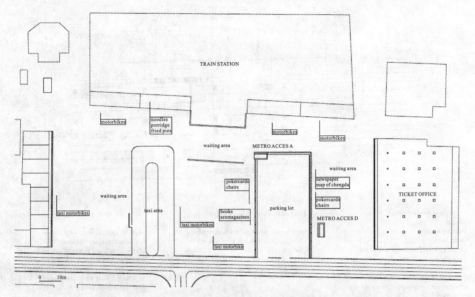

图 V－17　火车北站广场的功能分区（小组成员绘制）

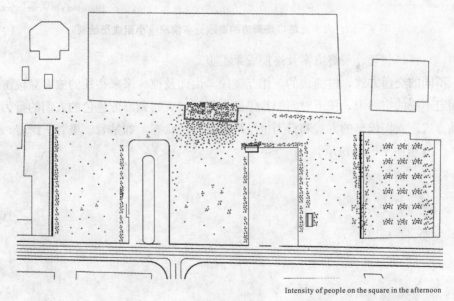

Intensity of people on the square in the afternoon

图 V－18　下午时段人们在火车北站广场的集中分布情况（小组成员绘制）

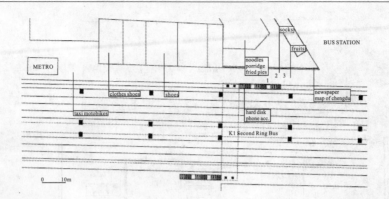

1.Electrical goods Hawker

Supplier address
South Taisheng Road
Living address:rent house nearby the
Chengdu north station
Traffic from home to workplace:Walking
Stall time:at will all day and often in the
afternoon and evening.6-7 hours per day
on average
Stall history:about two years
Construction of new buildings does not
have a great impact on him

2.Tattoo Hawker

Supplier address:bring tools themselves
Living address:rent house nearby the
Chengdu north station
Traffic from home to workplace:Walking
Stall time:9AM---9PM,12 hours a day

3.Grocery Hawker (socks,clothing)

Supplier address:north-city market
Living address:nearby rental
Traffic from home to workplace:bike
Stall time:10AM-11PM,9 hours a day
Restaurant in the central area of the stati-
on square:5 Yuan each (fast food)
Hometown:Nanchong city

Interviews with street sellers

图Ⅴ-19　火车北站广场周边的商贩分布情况（小组成员绘制）

（3）资料整理、最终方案及终期成果汇报。

不同的交通方式，慢的快的，相互碰撞，由此及彼。来来往往的旅客穿梭游走在固定不变的空间中，按下时间的暂停键，便可以观察到形形色色的人们的行为与活动方式。人们候车的方式和行为也呈现出不同的状态，如站着、坐着、蹲着，如图Ⅴ-20至图Ⅴ-23所示。

WAITING POSITIONS:ADAPTATIONS

STREET FURNITURE

街道设备

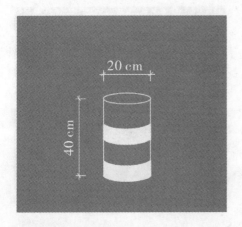

WAITING POSITIONS:ADAPTATIONS

VEHICLES

车辆

图 V－20　火车北站广场人们行为的记录 1（小组成员拍摄及绘制）

WAITING POSITIONS:ADAPTATIONS

LUGGAGE

手提箱

WAITING POSITIONS:ADAPTATIONS

OBJECTS

对象

图Ⅴ-21　火车北站广场人们行为的记录 2（小组成员拍摄及绘制）

BOLLARDS–CYLINDERS

BOLLARDS–BALLS

FENCES

METRO EXITS

STEPS/PILLARS

BENCH

MOTORCYCLES

3-WHEELS

图Ⅴ-22　火车北站广场人们行为的记录 3（小组成员拍摄及绘制）

图 V-23　火车北站广场人们行为的记录 4（小组成员拍摄及绘制）

4）成果汇报

经过多次的走访调研以及现场测绘，小组成员对整个火车北站广场区域进行了测绘，用相机记录下人们主要的行为活动，并对他们的行为活动进行了整理与归类，大致有坐着、站着和蹲着 3 种方式。小组成员对这 3 种行为方式进行了更细致的梳理，发现有人选择坐在广场小品上，有人坐在箱子上，有人坐在阶梯上，有人坐在地上（图Ⅴ-24）。

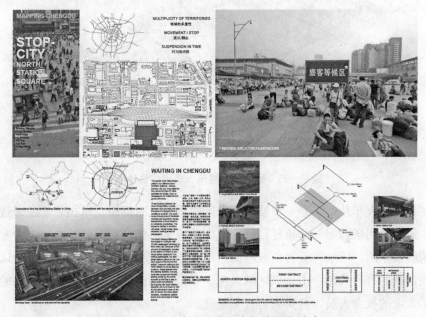

图Ⅴ-24　火车北站广场人们的行为活动

经过小组的调整与梳理，最终形成了此次 MAPPING 成果展示以及汇报，表达了成都作为"STOP CITY"的地域多重性、流动与静止和时间的片段，使人们能更加清楚地认识成都火车北站（图Ⅴ-25）。

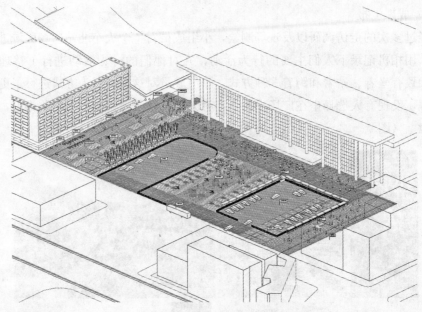

图Ⅴ-25　最终成果展示（小组成员绘制）

在我国，火车站历来是一个城市或地区的重要交通枢纽，承担着"迎来送往八方客，传播文明扬四海"的重任，其在城市精神文明建设和对外开放交流中发挥着重要的窗口作用，历来深受各级政府部门和领导的重视，同时受到新闻媒体以及广大市民群众的普遍关注。由于该区域人流、车流、物流高度集中，充满商机的市场吸引了大量的社会人员，各类人群云集于此。

成都火车北站广场作为一个"STOP CITY"，通过描绘并分析广场上人们的行为模式，使我们对成都火车北站广场有了更加深刻的认识。

场地Ⅵ　天府广场——TIANFU THEATRE

1）场地背景

（1）地理位置。

天府广场，位于成都城市空间布局的中心地带，是成都市重要的城市空间节点，也是中国西部最大的城市中心广场。广场东西宽 300 米，南北长 220 米，占地面积达 8.8 万平方米。广场的地面全部由经过特殊工艺处理过的浅色花岗岩条石铺成。广场四周，高楼林立，文化建筑遍布其中；广场上绿草茵茵，泉水喷涌，在繁华的都市区构成了一道独特的风景线。

（2）历史沿革。

在近两千余年封建社会中，天府广场所在地一直都是蜀国皇城的一部分。老皇城在近代遭到破坏，1970 年，"皇城"的护城河"金河""御河"被填平用以修筑地下防空工事。1997 年，广场两侧的民居被拆除，中心广场得以扩建。2001 年，新天府广场改建方案开始公开招标。2007 年新天府广场竣工。新天府广场是一个以"水"为景观主题的广场，一个太极云图（八卦图）中部曲线将广场很自然地分为两部分，东广场依然是一个下沉式广场，西广场则以一个喷泉景观为主，中间则是太阳神鸟图案。天府广场既是成都市的政治、经济、文化和商业中心，又是成都市的交通枢纽地带，历来是成都乃至整个四川的象征，更是成都的一张城市名片（图Ⅵ-1、图Ⅵ-2）。

图Ⅵ-1　天府广场鸟瞰（肖伟拍摄）

图Ⅵ-2　天府广场场景（肖伟拍摄）

2）研讨主题

天府广场对于成都市来说，既是政治、经济、文化、历史的核心象征，也是市民们日常生活休闲的场所，在整个城市结构中占有举足轻重的地位。本次课题从以下两方面对天府广场进行了深入的调研分析。

（1）交互式场景的建构。

天府广场是一个舞台，或者更准确地说是2个舞台。一个舞台是在天府广场北面的毛泽东雕像所在地，另一个舞台实际上就是天府广场本身。在这个地方每个人都是城市景象中的一个片段，都强调着这座广场的象征性特征，并将其与周围的环境联系起来。广场中发生的每一个行为动作都会成为表演的一部分，成为一种演绎，甚至就是舞台本身。"场景（scene）"可以理解成法语中的"舞台（stage）"和英语中的组合事件。因此"交互式"就是指上面说到的2个舞台与独特的具有"天府经验"的日常生活场景相互共鸣。

（2）广场空间中的环境行为模式。

小组从天府广场在城市结构和市民心目中的地位出发，调研天府广场的历史文化、空间环境、空间形态和行为活动等方面。利用当今国内外城市设计分析中的MAPPING，通过空间行为动线的地图化来诠释天府广场所在地的环境形态特征，从广场实体和人的空间行为需求两方面来浅析城市广场的一般特征，并探讨城市广场的空间及使用的问题；解析城市空间和环境行为的相互作用模式，感知天府广场的历史空间变迁和人们行为模式间的联系，追溯城市空间的活力特性。调研有利于未来天府广场品质的提升和完善，使天府广场真正成为市民游玩、观赏、休憩和感受成都文化的场所。

经过查阅资料和实地观察，小组首先确立了天府广场在成都市的中心地位，从"舞台"视点的角度，认识天府广场的历史演变、空间利用和人们的行为活动动线，以广场中"看与被看"的丰富的交互式视线关系为线索，结合 MAPPING 展开调研。

3）调研过程

（1）资料搜集、初步调研。

①对"天府广场"的历史、现状进行了资料搜集、整理和分析，在充分查阅相关资料的基础上，进一步了解天府广场城市空间的历史文化变迁和城市社会经济发展的相关背景。天府广场所在地最初是蜀王府皇城的一部分，后来变为明王朝的皇城坝，在清朝时变成了贡院，作为士子参加科考的场地，成为全四川省举人考试之地。进入 20 世纪 50 年代以后，在大规模的城市改造和轰轰烈烈的政治运动中，"皇城"与"皇城坝"先后被拆除。2007 年，市文化局对天府广场周边规划的文化设施组织了国际设计招投标，包括天府美术馆、天府博物馆、天府歌剧院等。这些规划建筑同现有的科技展览馆、锦城艺术宫等一起在天府广场周围形成了市民文化设施圈。多年以来天府广场形态虽然有多次的改变，但其作为城市中心的地位却没有变，一直发挥着重要的作用（图Ⅵ-3、图Ⅵ-4）。

TIANFU SQUARE CHANGES THROUGHOUT HISTORY

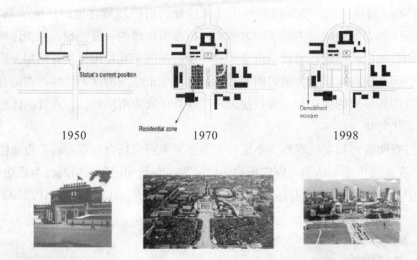

图Ⅵ－3　天府广场空间形态及周边关系形态演化（小组成员据资料整理）

图Ⅵ－4　天府广场空间形态的近现代历史演变（小组成员据资料整理）

②实地调研天府广场的空间环境，了解天府广场周边状态，感知天府广场本身的空间形态、交通使用情况、周边建筑功能和周边的景观要素。观察了解人群在天府广场上的行为活动，特别是夜间时段人流活动的内容、强度和流线，并对其进行记录和初步分类。同时调研景观环境设施的使用情况，在观察人群行为模式和场地的同时，根据拟定的调研目标，测绘天府广场的空间布局，并对相关局部细节进行详细的测量。通过调研分析，发现天府广场既是一个市政广场，也是城市交通枢纽，广场上的人群活动方式和内容异常丰富，其中不但有慕名而来的游客，也有前来换乘交通工具和逛街的的市民，他们以不同的方式使用着天府广场，其中多样化的环境行为模式，是绘制行为动线的现实依据。图Ⅵ-5、图Ⅵ-6分别为天府广场尺度平面图和周边建筑功能类型分布图。

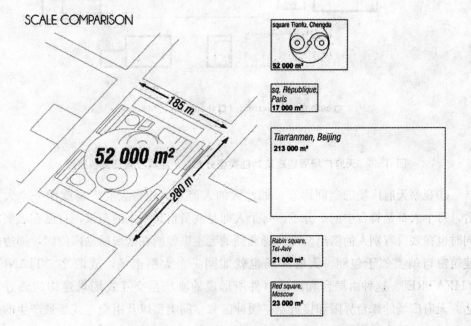

图Ⅵ-5 天府广场尺度平面（小组成员根据资料整理）

BALCONIES/BACKSTAGE FUNCTIONS

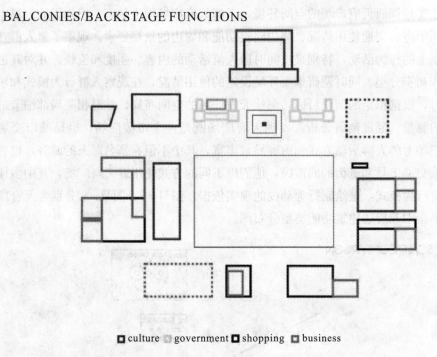

■ culture ▨ government ■ shopping ▣ business

图Ⅵ-6　天府广场周边建筑功能类型分布（小组成员根据资料整理）

③观察天府广场的空间形态。如此大的人流量，使得天府广场就像一个大舞台，每个人都是舞台中的一分子，每个人即是演员也是别人的布景，自己在表演的同时也在观看着别人的演出。而广场北侧的毛主席像所在区域就是座位席，周边的建筑窗口就类似于包厢。天府广场也就如同一个大型剧场，故谓之"TIANFU THEATRE"。这种由舞台和活动事件所形成的剧场是交互式场景建构的最好表达。天府广场的舞台界限和接近点、缓冲区和空间类型以及由交互式场景产生的丰富的视线关系也就成了此次调研的关注点（图图Ⅵ-7至图Ⅵ-10）。

FRAMING ELEMENTS

图Ⅵ-7 天府广场舞台意向分析和景观元素（小组成员根据资料整理）

STAGE LIMITS AND ACCESS POINTS

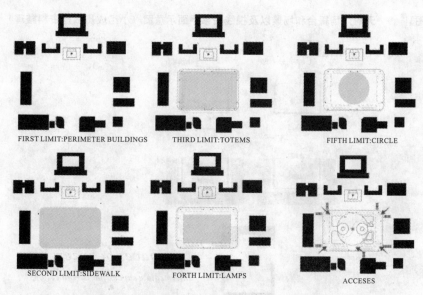

图Ⅵ-8 天府广场舞台界限和接近点分布（小组成员根据资料整理）

STAGING AND SCENERY

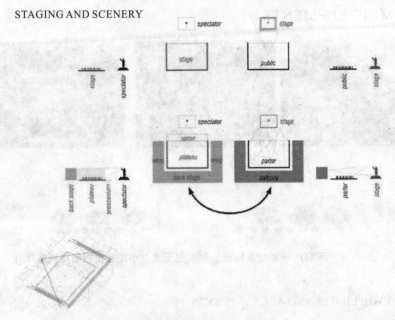

图Ⅵ-9 天府广场舞台和场景以及视线关系平面示意图（小组成员根据资料整理）

BUFFER ZONES

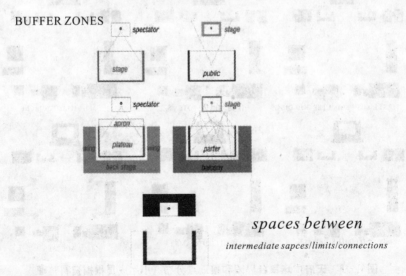

spaces between

intermediate sapces/limits/connections

图Ⅵ-10 天府广场舞台缓冲区及空间形式示意图（小组成员根据资料整理）

④根据初步的调研成果，对天府广场上人群的行为活动时段、区域情况和周边环境等进行了总结，对于"老皇城"的相关形态符号的演变进行了相关分析和调查，整理出其形态符号转化和运用的一些现状，并拟定下一步的工作和调研计划。图Ⅵ－11为天府广场人群活动时段分析。

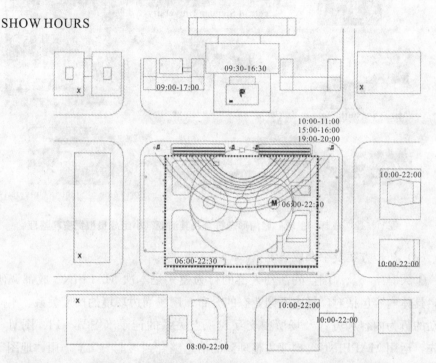

图Ⅵ－11　成都天府广场中的人群活动时段分析（小组成员根据资料整理）

根据对天府广场中各个区域人群的行为活动的观察记录，按不同区域、不同时段划分出人群不同的活动范围，从活动范围上了解广场空间的使用情况。图Ⅵ－12为成都"皇城"城门形态符号及其演变整理。

141

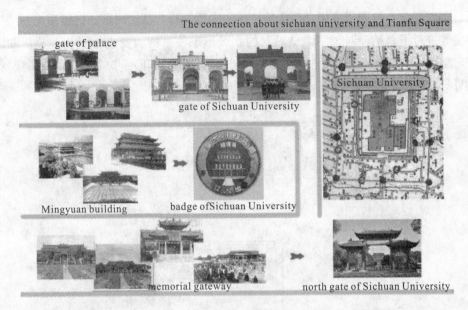

图Ⅵ-12　成都"皇城"城门形态符号及其演变（小组成员根据资料整理）

（2）初步方案及中期成果汇报。

①天府广场及周围空间活动人群的行为模式是本次 MAPPING 成都调研的重点，具体内容包括对广场内不同业态的分布、广场周边环境的尺度关系、不同时段活动的行为内容和方式及场所中交互式视点关系的记录（图Ⅵ-13、图Ⅵ-14）。首先，运用 MAPPING，把搜集整理到的信息整合到"地图"上，用"地图"来表达这些连接性的空间和材料的内在规律，以及那些有意识的和无意识的使用方式。其次，结合不同的分析工具，利用各种方法（经验、观察、形态分析等），绘制出天府广场的"地图"。最后，通过对天府广场进行详细、系统的图示分析，从社会维度的角度提供一个对于连接性空间更好的理解和认识。在调研中，尽量统筹考虑这些空间碎片所表现的复杂的城市、空间、社会、政治和世俗力量，力图重新还原这些充满活力的城市"街景"，期望本次调研能对塑造一个富有秩序的城市实体提供有益的参考。

BALCONIES/BACKSTAGE

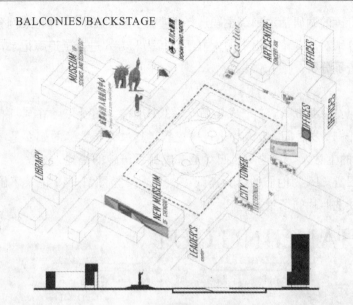

图Ⅵ-13 天府广场周边物质要素和空间尺度（小组成员绘制）

ENTRACTS

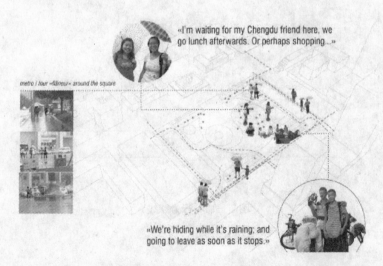

«I'm waiting for my Chengdu friend here, we go lunch afterwards. Or perhaps shopping…»

metro / tour «flâneur» around the square

«We're hiding while it's raining; and going to leave as soon as it stops.»

图Ⅵ-14 活动的行为内容和方式及在场所中的轨迹（小组成员根据资料整理）

②这一阶段的调研活动围绕主题选择了重点关注的案例，并将案例分为 3 个小组来进行，分别对这 3 个小组中的人群活动行为和方式进行了追踪记录，并结合图示化方法进行了分析。

第一组：

基本情况：总共 6 人，3 个成年妇女，3 个小孩。妇女年龄在 45~55 岁之间，小孩年龄在 4~10 岁之间，6 人均来自福建省，其中红衣黑裤的妇女是一位在成都打拼约 10 年的生意人，其他两名妇女是来成都拜访她的福建亲戚的，今天来天府广场游玩。图Ⅵ-15 为他们的行为路线，图Ⅵ-16 至图Ⅵ-19 记录了她们留影后前往数码店冲洗照片的场景。

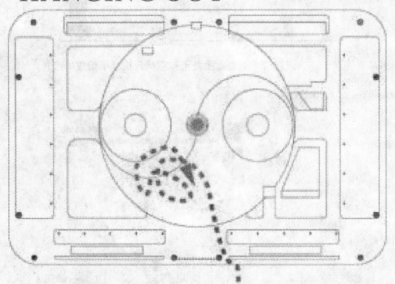

图Ⅵ-15　行为路线

图Ⅵ-16 男子为广场商业摄影师，他刚为
3位妇女拍完照片（小组成员拍摄）

图Ⅵ-17 广场商业摄影师为三位妇女
展示照片（小组成员拍摄）

图Ⅵ-18 3位妇女跟随商业摄影师
前往数码店（小组成员拍摄）

图Ⅵ-19 红衣黑裤妇女随摄影师前往
照片冲洗店（小组成员拍摄）

第二组：

基本情况：这组人群一共有5人，3名男性，2名女性，他们年龄都在40~55岁之间，黑衣女士为成都本地人，她带着其他4个朋友来参观天府广场，期间聊了许多家常琐事，驻足交谈的时间较长，他们的游览路线为逆时针环绕参观天府广场（图Ⅵ-20）。

图Ⅵ-21至图Ⅵ-24记录了他们参观天府广场的场景。

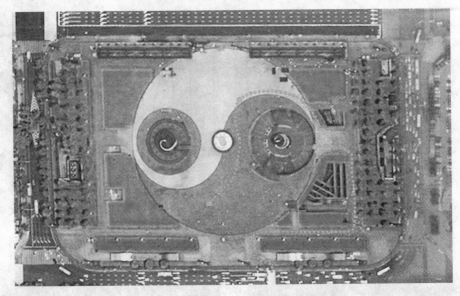

图Ⅵ－20　行为路线

图Ⅵ－21　悠闲地参观广场
（小组成员拍摄）

图Ⅵ－22　他们在此观望广场的下沉空间，
讨论地铁站建设情况（小组成员拍摄）

图Ⅵ-23　他们继续四处参观
（小组成员拍摄）

图Ⅵ-24　一边参观一边交谈
（小组成员拍摄）

第三组：

基本情况：图Ⅵ-25 至图Ⅵ-29 是一对 23 岁的成都本地情侣在天府广场寻找合适交通工具的场景，他们从西北方向进入广场，来到东北方向的地铁口，在地铁口犹豫了一会儿最终从东北角离开广场去了公交车站。

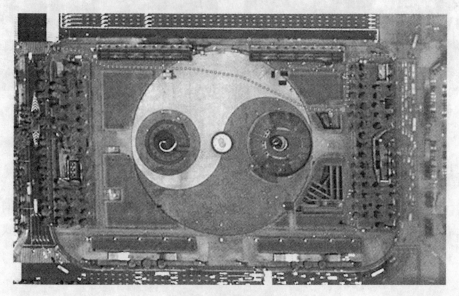

图Ⅵ-25　行为路线

图Ⅵ-26　他们从广场的西北角进入
（小组成员拍摄）

图Ⅵ-27　前往地铁站
（小组成员拍摄）

图Ⅵ-28　他们在地铁口停留了一会，
决定乘坐公交（小组成员拍摄）

图Ⅵ-29　他们准备离开天府广场
前往公交车站（小组成员拍摄）

③小组成员一边继续进行调研，一边整理资料，为中期成果汇报做准备。

（3）资料整理、最终方案及终期成果汇报。

这一阶段小组继续进行调研，并深化和验证上一阶段的调研成果及结论，同时根据上阶段的调研成果，讨论、分析空间和行为模式的规律，用"地图"的形式表达其内在逻辑，完善 MAPPING 的实践，并开始绘制、整理最终成果图纸。

4）成果汇报

（1）空间形态和行为动线解析。

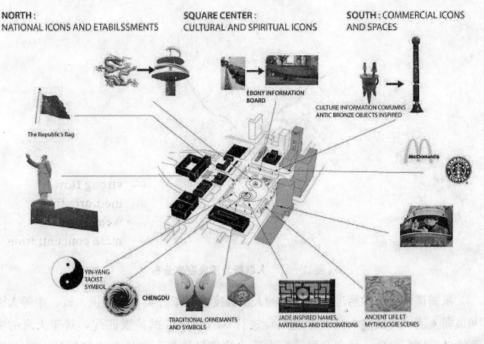

图Ⅵ-30 天府广场物质和文化要素分布

　　根据前期搜集的资料和调研成果，提取出天府广场中典型的物质和文化要素，依其位置标注在相应的空间图示上，实施 MAPPING 匹配，如图Ⅵ-30 所示。要素和广场的关系，清晰准确，便于理解。这些要素为解读天府广场提供了一定的借鉴。

FLOW INTENSITIES

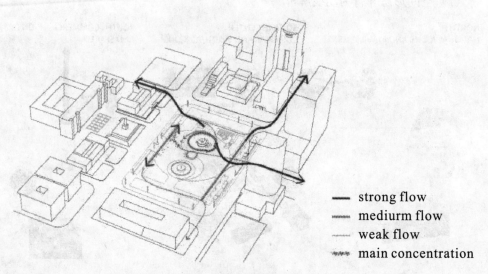

strong flow
mediurm flow
weak flow
main concentration

图Ⅵ-31　人群行为流线密度分布

　　根据调研结果对通过天府广场的人流强度进行了分类，分为强人流、中等人流和微弱人流，对这些人流的穿越路径进行 MAPPING 的位置匹配，对于人流的主要活动区进行定位，并充分展示行为活动的流量信息。图Ⅵ-31 和图Ⅵ-32 分别为人群行为流线密度分布和人群行为及流线平面图。

TO BE OR NOT TO BE(ON THE STAGE)?

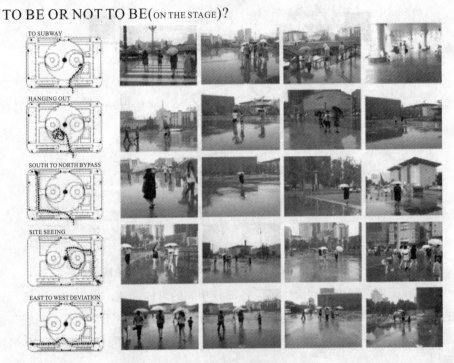

图Ⅵ-32 人群行为及流线平面图

　　对不同人群的活动方式、内容和活动轨迹分类表述，对活动的动线进行 MAPPING 的位置匹配，这些分析和总结有助于 MAPPING 同实践相结合。行为动线的图示化匹配也是 MAPPING 在这次调研中的重要体现。

　　（2）视线演绎——互动式场景构建。

　　剖析天府广场及其周边的空间尺度和标高关系，对这一区域的天际线建立一个比较具体的感知和认识，对于广场的平面层级关系给出立体图示，其物质要素的内外空间层级关系和广场行为活动模式的关联是 MAPPING 实践的成果所在（图Ⅵ-33）。

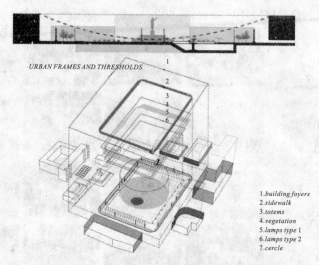

图Ⅵ-33 天府广场的空间尺度和平面层级关系

通过在天府广场中对"大剧场"各部分功能的具体再现，找到和"剧场"相对应的各个功能区，对各个区域的位置关系进行明确揭示，印证"天府大剧场"这一主题的合理性。图Ⅵ-34 为"天府大剧场"区域内的主空间和虚拟门厅空间功能关系。

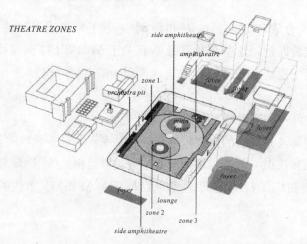

图Ⅵ-34 "天府大剧场"区域内的主空间和虚拟门厅空间功能关系

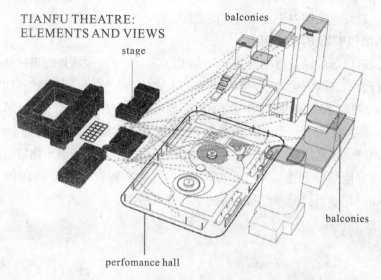

TIANFU THEATRE:
ELEMENTS AND VIEWS

stage

balconies

balconies

perfomance hall

图Ⅵ-35　"天府大剧场"内的视线关系

　　交互式场景所依托的"天府大剧场"是由具体且实在的形态构成的。剧场的门厅、舞台、乐池、圆形剧场、边缘剧场、表演大厅、包厢、休息区等功能区一应俱全，都可以在广场中找到其对应的位置。这些具有剧场功能的空间是交互式场景建构的物质基础。这些容纳各种行为的特定功能区所形成的视线关系更是广场之所以称为"剧场"的直接体现。图Ⅵ-35为"天府大剧场"内的视线关系。

　　交互式场景的建构是对广场这一空间形态的再认识，是从一个全新的角度对广场空间的形态关系的视觉感知。其中舞台布景以及"表演"的人群及其活动是同广场空间中的环境行为动线密切相关的。通过对广场周围物质文化元素演变的调研走访，对广场元素及相关设施使用情况的观察，对游览、驻足、通行等行为类型的追踪、观察和记录，对广场空间尺度和视线关系等的剖析，可以发现这些行为的内容、发生方式和广场物质空间形态的关联程度的规律。交互式场景中呈现出来的视线关系作为城市广场这一特定空间的线性表征，不但表现了广场本身及周边的空间形态，也显示出不同人群之间活动的关联度，其丰富程度与否完全可以作为城市广场活力的评价依据。广场中相关设施的使用情况所体现出来的环境行为模式也反映了设施的行为容纳能力，一定程度上表达出广场空间质量的现状。这些成果以一个全新视角，启发着我们对于城市遗产的关注。

（3）MAPPING 的实践阐述。

本次天府广场的调研活动借助于 MAPPING，从交互式场景的建构和广场空间中的环境行为动线两方面入手，围绕传统与人文话语、空间行为模式和地图知识进行了广泛的理论探讨。通过在地图上重新标注广场中的相关要素，来进行MAPPING 匹配，重新认识和发掘那些被遗漏的"另类逻辑"，构建新的关系结构。通过调研、视觉经验感知、科学的测绘和逻辑的分析，把城市物质空间元素和行为模式很好地结合起来，对于广场空间的关系结构有了更新的认识。这正是MAPPING 应用于当代城市空间分析的主要意义所在。

参考文献

[1] 芦原义信. 外部空间设计［M］. 尹培桐，译. 北京：中国建筑工业出版社，1990.

[2] 菲利普·巴内翰，让·卡斯泰，让·夏尔·德保勒. 城市街区的解体——从奥斯曼到勒·柯布西耶［M］. 魏羽力，许昊，译. 北京：中国建筑工业出版社，2012.

[3] 唐梅花. 成都城市蔓延机理与调控措施研究［D］. 成都：西南交通大学. 2010.

[4] 邓宇. 向东向南发展，天府新区拒绝城市病［N］. 华西都市报，2011－12－26.

[5] 张樵，曾九利. 对成都城市空间格局的思考［J］，规划师，2006（11）：31－33.

[6] 杰里米·布莱克. 地图的历史［M］. 张澜，译. 北京：希望出版社，2006.

[7] 刘东洋. 被忽视的城市地图表达［EB/OL］. ［2009－08－03/2009－09－08］. http：//www. xici. net/d103021098. htm.

[8] 王建国. 城市设计［M］. 北京：中国建筑工业出版社，2009.

[9] 刘东洋. 发掘地图的其它可能性［EB/OL］. ［2009－12－9］. https：//www. douban. com/note/52915770/.

[10] 凯瑟琳·沃德·汤普森，彭妮·特拉夫罗. 开放空间：人性化空间［M］. 章建明，黄丽玲，译. 北京：中国建筑工业出版社，2011.

[11] 马方进. 近代成都城市空间转型研究（1840—1949 年）［D］. 西安：西安建筑科技大学，2009.

[12] 高敏. 成都城市空间形态扩展时空演化过程及其规律分析 [D]. 成都：西南交通大学，2009.

[13] 扬·盖尔. 交往与空间 [M]. 何人可，译. 北京：中国建筑工业出版社，2002.

[14] D. Appleyard, K. Lynch, J. R. Myer. *The View from the Road* [M]. Cambridge：MIT Press，1966.

[15] F. Ascher, M. Apel Muller. *The Street Belongs to all of us* [M]. Zhuo Jian, tranlate. Beijing：Building Technique Press，2010.

[16] R. Banham. *The Architecture of Four Ecologies* [M]. Los Angeles：University of California Press，1972.

[17] M. Kaijima, J. Kuroda, Y. Tsukamoto. *Made in Tokyo* [M]. Tokyo：Kajima Institute，2001.

[18] Kesahanu Imai. *Pet Architecture Guide Book* [M]. Tokyo：World Photo Press，2002.

[22] Rem Koolhaas. *A Retroactive Manifesto for Manhattan* [M]. New York：Monacelli Publishers，1997.

[23] R. Koolhaas. *Mutations* [M]. Paris：Actar/Arc en rêve，2000.

[24] B. Latour, E. Hermant. *Invisible City* [M]. Paris：Trans From French，2006.

[25] S. Sadler. *The Situationist City* [M]. Cambridge：MIT Press，1998.

[26] R. Venturi, D. Scott-Brown, S. Izenour. *Learning from Las Vegas：The Forgotten Symbolism of Architectural Form* [M]. Cambridge：MIT Press，1972.

[27] André Corboz. Le Territoire comme palimpseste [M]. Paris：Les Éditions de Iimprimeur，2001.